# 不过好

## 写给讨好型人格的清醒指南

达夫 著

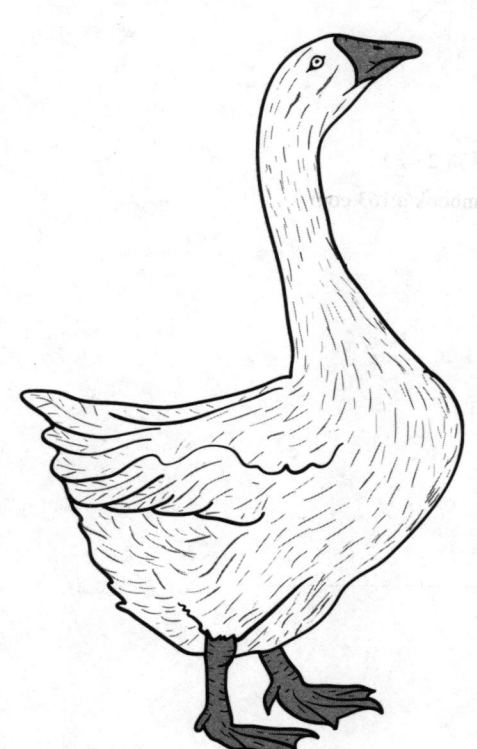

三环出版社
SANHUAN PUBLISHING HOUSE

图书在版编目（CIP）数据

不讨好：写给讨好型人格的清醒指南 / 达夫著.
海口：三环出版社（海南）有限公司，2025.3.
ISBN 978-7-80773-527-4

Ⅰ.B848-49

中国国家版本馆 CIP 数据核字第 2024XH3665 号

## 不讨好：写给讨好型人格的清醒指南
BUTAOHAO：XIEGEI TAOHAOXING RENGE DE QINGXING ZHINAN

| 作　　者 | 达　夫 |
|---|---|
| 责任编辑 | 宋佳昱 |
| 责任校对 | 崔洋钏 |
| 封面设计 | 韩　立 |
| 责任印制 | 万　明 |
| 出版发行 | 三环出版社（海口市金盘开发区建设三横路 2 号） |
|  | 邮　编 570216　　邮　箱 sanhuanbook@163.com |
| 出 版 人 | 张秋林 |
| 印刷装订 | 河北松源印刷有限公司 |
| 书　　号 | ISBN 978-7-80773-527-4 |
| 印　　张 | 10 |
| 字　　数 | 150 千字 |
| 版　　次 | 2025 年 3 月第 1 版 |
| 印　　次 | 2025 年 3 月第 1 次印刷 |
| 开　　本 | 720 mm×1000 mm　　1/16 |
| 定　　价 | 48.00 元 |

版权所有，不得翻印、转载，违者必究
如有缺页、破损、倒装等印装质量问题，请寄回本社更换。
联系电话：0898-68602853　0791-86237063

## 前言 PREFACE

曾有心理学家指出，优秀是一种心理习惯，优秀意味着比别人更自信，更为潇洒磊落，更加积极乐观。反观失败这种心理习惯，则令人更为拘谨，更加优柔寡断，甚至有时显得有些卑琐。正所谓心态决定命运，心理习惯与暗示所形成的心态就像一扇双向的门，一边通向成功，另一边通向失败，差别往往只在细枝末节。然而这些细微的差别，可能决定一个人的命运。

爱讨好他人就是一种易导向失败的心理习惯。恭顺谦和、礼貌谦卑一直都是传统美德。我们从很小的时候开始就一直潜移默化地受身边的长辈影响，与人交往不争不抢，相信吃亏是福。这导致现在有许多人不谙世事，遇事不积极，总是委曲求全，越来越没有个性。随着时代的发展，竞争愈发激烈，很多人渐渐选择用讨好他人来逃避现实。"讨好"已经变成了懦弱、自卑的代名词。生活中大部分的麻烦来源于不懂拒绝无理的要求。我们每天都在被"讨好他人"的心理伤害着，短时期内可能是小危害，长此以往就会让人彻底失败。

"讨好"心理的表现有很多种，如不懂得拒绝、太过缺乏自信、爱面子、无条件地附和别人、无法对别人提要求、主动为别人行方便、总是做别人期待的事情、停不下来地微笑、从不发脾气，以及用极高的道德标准要求自己等。这些行为都会使你经常处于讨好他人的境地。本书通过大量的事实和案例深入浅出地探讨了"讨好"这种心理现象产生的原因，还提供了切实可行的改变方法，是一部写给讨好型人格的清醒指南。

　　你为什么总爱讨好他人？怎样解决？当遇到一些不喜欢的人和事时，该怎么拒绝，合理地说"不"？如何在人际关系中展现自己的价值？本书旨在让读者彻底意识到"讨好"心理的危害，引导读者丢掉爱讨好的心理，学会拒绝别人的不合理要求，设立自我边界，平等与人沟通，摆脱懦弱和自卑，做"强势"的自己。拥有不讨好的勇气并不是要去吸引讨厌的负向能量，而是如果我们想要绽放出美的光彩，那么即使有被别人讨厌的可能，我们也要坚持自我。我们只有拥有了不讨好的勇气，才会真正拥有幸福的人生。

## >>> 目录 CONTENTS

### 第一章 拥有不讨好的勇气，才能成为真正的自己

认识自己，接受自己 / 2

一切均由爱自己开始 / 3

不必为他人的眼光而活 / 5

自己的人生无须浪费在别人的标准中 / 7

你不可能让每个人都满意 / 9

别为迎合别人而改变自己 / 10

走自己的路，让别人说去吧 / 12

张扬个性，"秀"出自己才有机会 / 15

保持特质才能赢得蓝天 / 17

坚持做最好的自己 / 18

保持自我本色，不一味模仿他人 / 20

放下别人的看法，活出自我 / 23

**第二章　活得拧巴，是因为你太在乎别人的肯定**

别因追求肯定而使自己受挫 /26

面对批评，不管对错先考量一番 /28

修复心灵上那道细微的害羞伤疤 /31

任何时候，都不要急于否定自己 /32

别人的否定不会降低你的价值 /34

取悦世界前先取悦自己 /36

勇敢地去做你害怕的事 /38

消除自己渴望被赞许的心理 /40

众人面前，果断说出自己的观点 /41

别不好意思批评，真诚让你更有人缘 /44

不从众，坚持自己的主见 /47

放下虚荣，回归本真 /50

**第三章　可以替别人着想，但一定要为自己而活**

永远不要失去自我 /54

你是谁由你自己决定 /56

每个人都有自己的路 /58

你就是你，没有人可以取代 /59

愉悦自己，才是真正地爱自己 /60

不要为了讨好别人而改变自己 /62

走出自卑的阴影，每个人都会超越自己 /63

坚持自我，在别人说"不"的时候说"是" /64

自尊的人更让人折服 /66
不要轻易放弃应得利益 /68
同事争功，用不伤和气的方式捍卫自己 /71
同事刁难，一味妥协不是办法 /73

## 第四章 勇敢说"不"，你没有对不起谁

记住，拒绝是你的权利 /76
拒绝别人的请求并不是一件丢脸的事情 /77
不要硬撑着，该说"不"时就说"不" /79
说"不"，没你想象得那么可怕 /81
力不从心时要大胆说"不" /83
向干涉自己生活的人说"不" /86
向靠得太近的下属说"不" /89
向自己不喜欢的疯狂追求者说"不" /92
学会对朋友义气说"不" /95
学会非辩护式应对，从容化解责难和威胁 /98
方圆有道，原则问题不能让步 /101
拒绝那些说话没完没了的人 /103

## 第五章 你所谓的"完美"，其实是讨好心理在作祟

你是典型的完美主义者吗？ /106
拒绝完美：做一个普通人 /108
走出完美主义的圈套 /110

看到劣势，但别抓住不放 / 112
思想成熟者不会强迫自己做"完人" / 114
人生的幸福路，就是不走极端 / 116
放弃不符合现实的完美标准 / 117
世上根本没有绝对的完美 / 118
避免监督自己的想法 / 120
让"强迫症"不再强迫你 / 121
生命给予什么，我们就享受什么 / 123
不强迫自己做不想做的事 / 125

## 第六章 别害怕冲突，敢做更厉害的人

你当善良，且有锋芒 / 130
正直不是一味愚憨 / 131
善良过了底线，也是一种"罪" / 134
以直报怨，让你的善良长出牙齿 / 136
有礼有节，应对背后说你坏话的人 / 137
做好人，但不做滥好人 / 138
忍让搬弄是非者，毫无意义 / 139
墙头草不好当，有原则让别人更信任 / 141
你的宽容，不应该不辨是非 / 144
不必睚眦必报，但也不必委曲求全 / 146
别让内疚感成为别人的把柄 / 147

# 第一章
# 拥有不讨好的勇气,才能成为真正的自己

## 认识自己，接受自己

有一个叫爱丽莎的美丽女孩总是觉得没有人喜欢自己，担心自己嫁不出去。她的理想也是许多妙龄少女的理想：和一位潇洒的白马王子结婚，白头偕老。爱丽莎总以为别人都有这种幸福，自己却一直被幸福拒于千里之外。她认为自己的理想永远实现不了。

一个上午，这位痛苦的姑娘拜访了一位有名的心理学家——据说他能解除所有人的痛苦。她被请进了心理学家的办公室，握手的时候，她冰凉的手让心理学家的心都颤抖了。他打量着这个忧郁的女孩，她的眼神呆滞而绝望，声音仿佛来自墓地。她的整个身心都好像在对心理学家哭泣着："我已经没有指望了！我是世界上最不幸的女人！"

心理学家请爱丽莎坐下，与她谈话，渐渐地，心理学家明白了一切。最后他对爱丽莎说："爱丽莎，会有办法的，但你得按我说的去做。"他要爱丽莎去买一套新衣服，再去修整一下自己的头发，打扮得漂漂亮亮的。他告诉她星期一他家有个晚会，请她来参加。爱丽莎还是一脸闷闷不乐，对心理学家说："就是参加晚会我也不会快乐。谁会需要我？我又能做什么呢？"心理学家告诉她："你要做的事很简单。你的任务就是帮助我照顾客人，代表我欢迎他们，向他们致以最亲切的问候。"

星期一这天，爱丽莎衣衫整洁、发式得体地来到了晚会上。她按照心理学家的吩咐尽职尽责，一会儿和客人打招呼，一会儿帮客人端饮料，她在客人间穿梭不停，来回奔走，始终恪尽职守，完全忘记了焦虑。她眼神活泼，笑容可掬，成了晚会上的一道彩虹。

晚会结束后，有三位男士自告奋勇要送她回家。在之后的日子里，这三位男士热烈地追求着爱丽莎，她终于选中了其中的一位，让他给自己戴上了订婚戒指。不久后，在婚礼上，有人对这位心理学家说："你创造了奇迹。""不，"心理学家说，"是她自己为自己创造了奇迹。人无须刻意讨好别人，而要大大方方地活出真实的自己，爱丽莎懂得了这个道理，所以变了。所有的女人都能拥有这个奇迹，只要你想，你就能让自己变得美丽。"

我们的眼睛的作用是：一只观察世界，一只发现自己。学会发现自己的优点，这是我们共同的义务，也是寻找自己的优势、挖掘潜能的重要方式。事实上，爱丽莎对自身产生怀疑，归根结底是因为没有发掘出自己的闪光点，她看到了别人的精彩，却错失了自己的光彩。其实，每个人都是自己最优秀的载体，接受自己，你并不是一无是处。

## 一切均由爱自己开始

爱，首先从自己开始，只有学会爱自己，才能学会爱他人、爱世界。爱自己不是一种自私行为，我们这里所说的爱并不是虚荣、贪婪、傲慢、自命不凡，而是一种善待自己、接纳自己的行为。如果你能够认识到自己是一个有自尊心的综合体，如果你能够注意养生，保持自己的身心健康，那你就已经学会爱自己了。

我们应该懂得，我们有足够的理由爱自己：一是只有自己才是属于自己的；二是只有热爱自己，才能热爱他人、热爱世界。

我们没有蓝天的深邃，但可以有白云的飘逸；我们没有大海的辽阔，但可以有小溪的清澈；我们没有太阳的光耀，但可以有星星的闪烁；我们没有苍鹰的高翔，但可以有小鸟的灵动。每个人都有自己的位置，每个人都能找到自己的位置。我们应该相信：正因为有了千千万万个"我"，世界才变得丰富多彩，生活才变得美好无比。

认认真真爱自己一回吧——这一回是一百年。

著名心理学家雅力逊指出，人要先爱自己，才能懂得如何去爱别人。因为只有视自己有价值并有清晰的自我形象的人，才可以有安全感、有胆量去爱别人。

爱自己，或称自爱，是与自私、以自我为中心不同的一种状态。自私、以自我为中心是一切以私利为重，不但不替别人着想，更可能无视他人利益，为求达到目的不择手段。爱自己，就要会照顾和保护自己、喜欢自己、欣赏自己的长处，同时也要接受自己的短处，从而努力完善自己。

在这种心态之下，我们会学会不少自处之道，更可将其活学活用于人际关系之中。在接受自己之后，便开始有容人的雅量；在懂得欣赏自己之后，便会明白如何欣赏别人；在掌握保护自己的方法之后，亦会悟出"防人之心不可无，害人之心不可有"的道理，这就是推己及人的道理。

一个不爱自己的人，是不会明白爱别人以及接纳别人的。因此，一切均得由爱自己开始。心理学家伯纳德说："不爱自己的人崇拜别人，但因为崇拜，会使别人看起来更加伟大而自己更加渺小。他们羡慕别人，这种羡慕来自内心的不安全感——一种需要被填满的感觉。可是，这种人不会爱别人，因为爱别人就要肯定别人的存在与成长，他们自己都没有的东西，当然也不可能给予别人。"

每个人都有缺点，要想与人建立良好的人际关系，就必须首先接受并不完美的自己。谁都不可能十全十美，所以我们必须正视自己、接受自己、肯定自己、欣赏自己。

一个人如果不爱自己，当别人对他表示友善时，他会认为对方必定是有求于自己，或是对方一定也不怎么样，才会想要和自己为伍。这类人会不断地批评自己，从而使别人感到他有问题而尽量远离他；这类人越是害怕别人了解自己就会越不喜欢自己，所以在别人还没有拒绝之前，其潜意识里就会先破坏别人的好感。总之，不爱自己会导致各种问题的发生。当一个人觉得自己很差劲时，周围的人也会跟着遭殃。

因此，在开始爱别人之前，必须先爱自己。世界就像一面镜子，人与人之间的问题大多是我们自己问题的折射。因此，我们不需要去努力改变别人，只要适当转变一下自己的思想，人际关系就会有所改善。

## 不必为他人的眼光而活

在这个世界上，没有任何一个人可以让所有人都满意。跟着他人的眼光来去的人，自己的光彩会逐渐黯淡。

西莉亚自幼学习艺术体操，她身段匀称灵活。可是很不幸，一次意外事故导致她下肢严重受伤，一条腿留下后遗症，走路有一点跛。为此，她十分沮丧，甚至不敢走上街去。作为一种逃避，西莉亚搬到了约克郡乡下。

一天，小镇上的雷诺兹老师领着一个女孩来向西莉亚学跳苏格兰舞。在他们诚恳的请求下，西莉亚勉为其难地答应了。为了不让他们察觉自己残疾的腿，西莉亚特意提早坐在一把藤椅上。可那个女孩偏偏天生笨拙，连起码的乐感和节奏感都没有。当那个女孩再一次跳错时，西莉亚不由自主地站起来给对方示范。西莉亚一转身，便看见那个女孩正盯着自己的腿，露出一副惊讶的神情。她忽然意识到，自己一直刻意掩盖的残疾在刚才的瞬间已暴露无遗。这时，一种自卑让她无端地恼怒起来，对那个女孩说了一些难听的话。西莉亚的行为伤害了女孩的自尊心，女孩难过地跑开了。

事后，西莉亚深感歉疚。过了两天，西莉亚亲自来到学校，和雷诺兹老师一起等候那个女孩。西莉亚对那个女孩说:"把你训练成一名专业舞者恐怕并不容易,但我保证,你一定会成为一个不错的领舞者。"这一次,她们就在学校操场上跳,有不少学生好奇地围观。那个女孩笨手笨脚的舞姿不时招来同学的嘲笑,她满脸通红,不断犯错,每跳一步,都如芒在背。西莉亚看在眼里,深深理解她那种无奈的自卑感。她走过去,轻声对那个女孩说:"假如一个舞者只盯着自己的脚,就无法享受跳舞的快乐,而且别人也会跟着注意你的脚,发现你的错误。现在你抬起头,面带微笑地跳完这支舞,别管步伐是不是错的。"

说完,西莉亚和那个女孩面对面站好,朝雷诺兹老师示意了一下。悠扬的手风琴音乐响起,她们踏着拍子,欢快起舞。其实那个女孩的步伐还有些错误,动作也不是很协调,但意外的效果出现了——那些旁观的学生被她们脸上的微笑所感染,而不再关注舞蹈细节上的错误。后来,有越来越多的学生情不自禁地加入舞蹈。大家尽情地跳啊跳啊,直到太阳下山。

生活在别人的眼光里,就会找不到自己的路。其实,每个人的眼光都有不同。面对不同的几何图形,有人看出了圆的光滑无棱,有人看出了三角形的棱角分明,有人看出了半圆的方圆兼济,有人看出了不对称图形特有的美……同是一个甜甜圈,悲观者只能看见一个空洞,乐观者却能品尝到它绝妙的味道。同是追忆赤壁之战,苏轼高歌"羽扇纶巾,谈笑间,樯橹灰飞烟灭";杜牧却低吟"东风不与周郎便,铜雀春深锁二乔"。同是"谁解其中味"的《红楼梦》,有人听到了封建制度的丧钟,有人看见了宝黛的深情,有人悟到了曹雪芹的用心良苦,也有人只津津乐道于故事本身……

人生是一个多棱镜,总是以它变幻莫测的每一面反照生活中的每一个人。不必介意别人的流言蜚语,不必担心自我思维的偏差,坚信自己的眼睛、判断和感悟,用敏锐的眼光去审视这个世界,用心去聆听、抚摸这个多彩的人生,给自己一个富有个性的回答。

## 自己的人生无须浪费在别人的标准中

童话里的红舞鞋漂亮、妖艳而充满诱惑，一旦穿上，便再也脱不下来。我们疯狂地转动舞步，一刻也停不下来，尽管内心充满疲惫和厌倦，脸上还得挂着幸福的微笑。当我们在众人的喝彩声中终于以一个优美的姿势为人生画上句号时，才发觉这一路的风光和掌声，带来的竟然只是说不出的空虚和疲惫。

人生来时双手空空，却要让其双拳紧握；而等到人死去时，却要让其双手摊开，偏不让其带走财富和声名……明白了这个道理，人就会看淡许多东西。幸福的生活完全取决于自己内心的简约而不在于你拥有多少外在的财富。

在18世纪，法国有个哲学家叫狄德罗。有一天，朋友送他一件质地精良、做工考究、图案高雅的酒红色睡袍，狄德罗非常喜欢。可他穿着华贵的睡袍在家里踱来踱去，越来越觉得家具不是破旧不堪，就是风格不对，地毯的针脚也粗得吓人。慢慢地，旧物件挨个儿换新，书房终于跟上了睡袍的档次。狄德罗穿着睡袍坐在帝王气十足的书房里，可他却觉得很不舒服，因为"自己居然被一件睡袍胁迫了"。

狄德罗只是被一件睡袍"胁迫"了，生活中的大多数人则是被过多的物欲和外在的财富"胁迫"着。很多情况下，我们受内心深处支配欲和征服欲的驱使，自尊和虚荣不断膨胀，着了魔一般去同别人攀比。谁买了一双名牌皮鞋，谁添置了一套高档音响，谁交了一位漂亮女友，这些都会触动我们敏感的神经。一番折腾下来，尽管钱赚了不少，也终于博得别人"羡慕的眼光"，但除了在公众场合拥有一点流光溢彩的光鲜和热闹外，我们过得其实并没有别人想象得那么好。

从一定意义上来说，人都是爱慕虚荣的，不管自己究竟幸福不幸福，只要常常让别人觉得自己很幸福就满足。人往往忽视了自己内心真正想要的是什么，而是常常被外在的事情所左右，别人的生活实际上与你无关，不论别人幸福与否都与你无关。有的人将自己的幸福建立在与别人比较的基础之上，或者建立在了别人的眼光中，殊不知幸福不是别人说出来的，而是自己感受的，人活着不是为别人，更多的是为自己。

《左邻右舍》中提到这样一个故事：

男主人公的老婆看到邻居小马家卖了旧房子并在闹市区买了新房，她十分眼红，非要也在闹市选房子，并且偏偏要和小马住同一栋楼，还一定要选比小马家房子大的那套。当邻居问起的时候，她会很自豪地说："不大，一百多平方米，只比304室小马家大那么一点！"气得小马的老婆灰头土脸的。过了几天，小马的老婆开始逼小马和她一起减肥，说是减肥之后，他们家房子的实际面积一定不会比男主人公家的小，男主人公又开始担心自己的老婆知道后会不会也要拉上他一起减肥！

虽然这个故事听起来很好笑，但是类似的事情却时常在我们的生活中发生，这类人将自己的生活沉浸在了一个不断与人比较的困境中，被自己生活之外的东西所左右，岂不是很可悲？

一个人活在别人的标准和眼光之中是一种痛苦，更是一种悲哀。人生本就短暂，真正属于自己的快乐更是不多，为什么不能为了自己而完完全全、真真实实地活一次？为什么不能让自己脱离总是建立在别人基础上的参照系？如果我们把追求外在的成功或者"过得比别人好"作为人生的终极目标，就会陷入物质欲望为我们设下的圈套而不能自拔。

## 你不可能让每个人都满意

世界一样，但人的眼光各有不同，做人，不必去花大量的心思去让每个人都满意，因为这个要求是不可能达到的，如果一味地追求别人的满意，不仅劳心，还会在生活和工作中迷失自己！

生活中我们常常因为别人的不满意而烦恼不已，费尽心思去让更多的人对自己满意，小心翼翼地生活，唯恐别人不满意，但即便是这样还会有人不满意，所以我们又开始为此伤神。很多时候，我们忙活工作或者生活其实花不了太多的时间，只是将大量的时间都花在了处理如何达到别人满意的那些事情上，所以身体累，心也累。

有这样一个故事：

一个农夫和他的儿子赶着一头驴到邻村的市场去卖，没走多远就看见一群姑娘在路边谈笑。一个姑娘大声说："嘿，快瞧，你们见过这种傻瓜吗？有驴子不骑，宁愿自己走路。"农夫听到这话，立刻让儿子骑上驴，自己高兴地在后面跟着走。

不久，他们遇见一群老人正在激烈地争执："喏，你们看见了吗？如今的老人真是可怜。那个懒惰的孩子自己骑着驴，却让年老的父亲在地上走。"农夫听见这话，连忙叫儿子下来，自己骑上去。

他们没过多久又遇上一群妇女和孩子，几个妇女七嘴八舌地喊着："嘿，你这个狠心的老家伙！怎么能自己骑着驴，让可怜的孩子跟着走呢？"农夫立刻叫儿子上来，和他一同骑在驴的背上。

快到市场时，一个城里人大叫道："哟，瞧这驴多惨啊，竟然驮着两个人，它是你们自己的驴吗？"另一个人插嘴说："哦，谁能想到你们这么骑驴，依我看，不如你们两个驮着它走吧。"农夫和儿子急忙跳下来，他们用绳子捆上驴的腿，找了一根棍子把驴抬了起来。

当他们卖力地想把驴抬过闹市入口的小桥时，又引起了桥头上一群人的哄笑。驴子受了惊吓，挣脱了捆绑撒腿就跑，不想却失足落入河中淹死了。农夫只好既恼怒又羞愧地空手而归了。

笑话中农夫的行为十分可笑，不过，这种任由别人支配自己行为的事却并非只在笑话里出现。在现实生活中，很多人在处理类似事情时都像笑话里的农夫一样，人家叫他怎么做，他就怎么做，谁抗议就听谁的，结果只会让大家都不满意。

谁都希望自己在这个社会如鱼得水，但我们不可能让每一个人满意，不可能让每一个人都对我们展露笑容。通常的情况是，你以为自己照顾到了每一个人的感受，可还是有人对你不满，甚至根本不领情。每个人的利益是不一致的，每个人的立场，每个人的主观感受是不同的，所以我们想面面俱到，不得罪任何人，又想讨好每一个人，那是绝对不可能的！

做人无须在意太多，不必去让每个人满意。凡事只要尽心，按照事情本来的面目去做就好，简简单单地过好自己生活就行，否则就会像故事中的农夫一样，费尽周折，结果还搞得谁都不满意。

## 别为迎合别人而改变自己

古语说，"以铜为镜，可以正衣冠；以人为镜，可以明得失"。意思是说，每个人都是一面镜子，我们可以从别人身上发现自己、认识自己。然而，如果一个人总是拿别人当镜子，那么那个真实的自我就会逐渐迷失，难以发现自己的独特之处。

有这样一则寓言：

有两只猫在屋顶上玩耍。一不小心，一只猫抱着另一只猫掉到了烟囱里。当两只猫同时从烟囱里爬出来的时候，一只猫的脸上沾满了黑烟，而另一只猫脸上却干干净净。干净的猫看到满脸黑灰的猫，以为自己的脸也又脏又丑，便快步跑到河边，使劲地洗脸；而满脸黑灰的猫看见干净的猫，以为自己也是干干净净的，就大摇大摆地走到街上，出尽洋相。

故事中的那两只猫实在可笑。它们都把对方的形象当成了自己的模样，其结果是无端的紧张和可笑的出丑。他们的可笑在于没有认真地观察自己是否弄脏，而是急着看对方，把对方当成了自己的镜子。同理，不论是自满的人还是自卑的人，他们的问题都在于没有了解自己，形成对自身清晰而准确的认识。

每个人都有自己的生活方式与态度，都有自己的评价标准，人可以参照别人的方式、方法、态度来确定自己采取的行动，但千万不能总拿别人当镜子。总拿别人做镜子，傻瓜会以为自己是天才，天才也许会把自己照成傻瓜。

乌比·戈德堡成长于环境复杂的纽约市切尔西劳工区。当时正是"嬉皮士"时代，她经常模仿着流行的衣着和妆容，身穿大喇叭裤，头顶阿福柔犬蓬蓬头，脸上涂满五颜六色的彩妆。为此，她常遭到家附近人们的批评和议论。

一天晚上，乌比·戈德堡跟邻居友人约好一起去看电影。时间到了，她依然身穿扯烂的吊带裤、一件绑染衬衫，头顶阿福柔犬蓬蓬头。当她出现在她朋友面前时，朋友看了她一眼，然后说："你应该换一套衣服。"

"为什么？"她很困惑。

"你扮成这个样子，我才不要跟你出门。"

她怔住了："要换你去换。"

于是朋友转身就走了。

当她跟朋友说话时，她的母亲正好站在一旁。朋友走后，母亲走向她，对她说:"你可以去换一套衣服,然后变得跟其他人一样。但你如果不想这么做,而且坚强到可以承受外界的嘲笑,那就坚持你的想法。不过,你必须知道,你会因此引来批评,你的情况会很糟糕,因为与大众不同本来就不容易。"

乌比·戈德堡受到了极大震撼。她忽然明白,当自己探索一条可以说是"另类"的存在方式时,没有人会给予鼓励和支持,哪怕只是一种理解。当她的朋友说"你得去换一套衣服"时,她的确陷入两难:倘若今天为了朋友换衣服,日后还得为多少人换多少次衣服?她明白母亲已经看出她的决心,看出了女儿在向这类强大的同化压力说"不",看出了女儿不愿为别人改变自己。

人们总喜欢评判一个人的外形,却不重视其内在。要想成为一个独立的个体,就要坚强到能承受这些批评。乌比·戈德堡的母亲的确是位伟大的母亲,她懂得告诉她的孩子一个处世的根本道理——拒绝改变并没有错,但是拒绝与大众一致也是一条漫长的路。

乌比·戈德堡这一生始终都未摆脱"与大众一致"的议题。她主演的《修女也疯狂》是一部经典影片,而其扮演的修女就是一个很另类的形象。当她成名后,也总听到人们说:"她在这些场合为什么不穿高跟鞋,反而要穿红黄相间的运动鞋?她为什么不穿洋装?她为什么跟我们不一样?"可是到头来,人们还是接受了她的影响,学着她的样子绑黑人细辫子头,因为她是那么与众不同,那么魅力四射。

## 走自己的路,让别人说去吧

哲人们常把人生比作路,是路,就注定有崎岖不平。

1929年,美国芝加哥发生了一件震动全国教育界的大事。

此前,一个年轻人半工半读地从耶鲁大学毕业。他曾做过作家、伐木工人、家庭教师和卖成衣的售货员。而那时，只过去了八年，他就被任命为全美国第四大名校——芝加哥大学的校长，他就是罗勃·郝金斯。他当时只有30岁，真叫人难以置信。

人们对他的批评就像山崩落石一样一齐打在这位"神童"的头上，说他这样，说他那样——太年轻了，经验不够——说他的教育观念很不成熟，甚至各大报纸也加入了攻击。

在罗勃·郝金斯就任的那一天，有一个朋友对他的父亲说："今天早上，我看见报上的社论攻击你的儿子，真把我吓坏了。"

"不错，"郝金斯的父亲回答说，"话说得很凶。可是请记住，从来没有人会踢一只死狗。"

确实如此，越勇猛的狗，人们踢起来就越有成就感。

曾有一个美国人，被人骂作"伪君子""骗子""比谋杀犯好不了多少"……一幅刊在报纸上的漫画把他画成伏在断头台上的罪犯，一把大刀正要切下他的脑袋，街上的人群都在嘲讽他。他是谁？他是乔治·华盛顿。

耶鲁大学的前校长德怀特曾说："如果此人当选美国总统，我们的国家将会卖淫合法，行为可鄙，是非不分，不再敬天爱人。"听起来这似乎是在骂希特勒吧？可是他谩骂的对象竟是托马斯·杰斐逊总统，就是撰写《独立宣言》、被赞美为民主先驱的杰斐逊总统。

可见，没有谁的路永远是一马平川的。为他人所左右而失去自己方向的人，将无法抵达属于自己的幸福所在。

真正成功的人生，不在于成就的大小，而在于是否努力地去实现自我，喊出属于自己的声音，走出属于自己的道路。

一名中文系的学生苦心撰写了一篇小说，请作家批评。因为作家正患眼疾，学生便将作品读给作家。读到最后一个字，学生停顿下来。作家问道："结束了吗？"听语气似乎意犹未尽，渴望下文。这一追问煽起了学生的激情，他立刻灵感喷发，马上接续道："没有啊，下部分更精彩。"他以自己都难以置信的构思叙述下去。

一个段落结束了，作家又似乎难以割舍地问："结束了吗？"

小说一定摄魂勾魄，叫人欲罢不能！学生更兴奋，更激昂，更富于创作激情。他不可遏制地一而再再而三地接续、接续……最后，电话铃声骤然响起，打断了学生的思绪。

电话找作家，急事。作家匆匆准备出门。"那么，没读完的小说呢？""其实你的小说早该收笔，在我第一次询问你是否结束的时候，就应该结束。何必画蛇添足、狗尾续貂？该停则止，看来你还没把握情节脉络，尤其是缺少决断。决断是当作家的根本，否则绵延逶迤，拖泥带水，如何打动读者？"

学生追悔莫及，自认性格总是受外界左右，难以把握作品，恐不是当作家的料。

很久以后，这名年轻人遇到了另一位作家，羞愧地谈及往事，谁知作家惊呼："你的反应如此迅速、思维如此敏捷、编造故事的能力如此强大，这些正是成为作家的天赋呀！假如正确运用，作品一定会脱颖而出。"

"横看成岭侧成峰，远近高低各不同。"凡事绝难有统一定论，谁的"意见"都可以参考，但永不可代替自己的"主见"，不要被他人的论断束缚了自己前进的步伐。追随你的热情、你的心灵，它将带你实现梦想。

遇事没有主见的人，就像墙头草，没有自己的原则和立场，不知道自己能干什么，会干什么，自然与成功无缘。

走自己的路，让别人去说吧。

## 张扬个性，"秀"出自己才有机会

俗话说："酒香不怕巷子深。"这话只适合过去，如今是酒香也怕巷子深。一个人无论才能如何出众，如果不善于把握，那就得不到伯乐的青睐。所以人的才能需要自我表现，而且自我表现时必须主动、大胆。如果你自己不去主动地表现，或者不敢大胆地表现自己，你的才能就永远不会被别人知道。

在电影《飘》中扮演女主角斯嘉丽的费雯·丽，在出演该片前只是一位名不见经传的小演员。她之所以能够因此一举成名，就是因为大胆地抓住了自我表现的良好机遇。

当《飘》已经开拍时，女主角的人选还没有最后确定。毕业于英国皇家戏剧学院的费雯·丽，当即决定争取出演斯嘉丽这一十分诱人的角色。

可是，此时的费雯·丽还默默无闻，没有什么名气，怎样才能让导演知道自己就是斯嘉丽的最佳人选呢？

经过一番深思熟虑后，费雯·丽决定毛遂自荐。一天晚上，刚拍完《飘》的外景，制片人大卫·塞尔兹尼克又愁眉不展了。突然，他看见一男一女走上楼梯，男的他认识，那女的是谁呢？只见她一手扶着男主角的扮演者，一手按住帽子，居然把自己扮演成了斯嘉丽的形象。

大卫正在纳闷儿时，突然听见男主角大喊一声："喂！请看斯嘉丽！"大卫一下子惊住了："天哪！真是踏破铁鞋无觅处，得来全不费工夫。这不就是活脱脱的斯嘉丽吗！"

费雯·丽被选中了。

毋庸置疑，当你的表现得到认可之时，就是机遇来临之日。请你务必记住一点：知道和了解你才能的人越多，为你提供的机遇也就会越多。

当然，很多人或许不会像费雯·丽那样仅靠一次表现就获得成功。所以，我们必须有耐心和恒心，多表现自己几次。在一个人面前表现不行，就在更多的人面前表现；在一个地方表现无效，就在其他地方表现。当你表现多了，被发现、被赏识的可能性就会大大增加。

汉代名士东方朔，诙谐多智。他刚入长安时，向汉武帝上书，竟用了三千片木楼，公车令派两个人去抬，才勉强能抬起来。汉武帝用了两个月才把它读完。这在当时也堪称是"吉尼斯世界之最"了。在奏章中，东方朔自诩甚高，称："臣朔年二十二，长九尺三寸，目若悬珠，齿如编贝，勇若孟贲，捷若庆忌，廉若鲍叔，信若尾生。若此，可以为天子大臣矣。"皇帝果然为此打动，但转念一想，又觉言过其实，始终未予重用。

东方朔并不死心，另辟蹊径。当时，与东方朔并列为郎的侍臣中，有不少是侏儒。东方朔就吓唬他们，说皇帝嫌他们没用，要杀死他们。侏儒们吓坏了，诉于皇帝，皇帝便诏问东方朔为何要吓唬他们。东方朔说："那些侏儒长得不过三尺，俸禄是一口袋米，二百四十个铜钱。我东方朔身长九尺有余，俸禄也是一口袋米，二百四十个铜钱。侏儒饱得要死，我却饿得要死。陛下要觉得我有用，请在待遇上有所差别；如果不想用我，可罢免我，那我也用不着在长安城要饭吃了。"皇帝听了大笑，因此让他待诏金马门（古代宦署的大门），待他比以前亲近了许多。

有时候，沉默谦逊确实是一种"此时无声胜有声"的制胜利器，但无论如何，也不要时时处处把它当作金科玉律来信奉。在种种竞争中，你要将沉默、踏实、肯干、谦逊的美德和善于"秀"自己结合起来，才能更好地让别人赏识你。

## 保持特质才能赢得蓝天

有些人，在智商方面可能并没有什么超常的地方，但借助上帝之手，他们总有某个特质是超出常人的。这种时候，只有使这些能让自己成就大事的特质得到充分的发挥，人才有可能成长。

每个人在给自己定位或者确定方向的时候，总会受到外界这样或者那样的影响，其中包括父母及其他长辈的期望。在这种情况之下，一个人就容易受外界事物的影响，不遵从自身特质的指引，走上一条受他人影响，甚至由别人指定的道路。这对任何人而言都是一种悲哀。每个人遇到这种情况时，都应该坚持自己的特质。

诺贝尔物理学奖获得者霍夫特的成长经历在杰出人士这一群体中就很具有代表性。

当霍夫特还是一个8岁的小男孩时，一位老师问他："你长大之后想成为怎样的人？"他回答："我想成为一个无所不知的人，想探索自然界所有的奥秘。"霍夫特的父亲是一位工程师，因此想让他也成为一名工程师，但是他没有听从。"因为我的父亲关注的事情是别人已经发明的东西，我很想有自己的发现，做出自己的发明。我想了解这个世界运作的道理。"正是有着这样的渴求，当其他孩子正在玩耍或者在电视机前荒废时光的时候，小小的霍夫特就在灯前彻夜读书了。"我对于一知半解从来不满足，我想知道事物的所有真相。"他很认真地说。

霍夫特告诫我们要保持自我。"最重要的是一定要决定你要走什么样的道路。你可以成为一名科学家，可以去做医生，但是一定要选择你喜欢的道路。世界上没有完全相同的两个人，这就是人类能够取得各种各样成就的原因。所以没有必要来强迫一个人去做他不感兴趣的工作。如果你对科学感兴趣，你要尽量找一些好的老师，这点非常重要。即使是这样，你也不一定会获得诺贝尔奖，这些事情是可遇而不可求的，你不能过于注重结果，你不要期望一定能取得什么样的成就。如果你真正地投入一个领域，倘若那不是你想要得到的，那么你也不能从中发现真正的乐趣。"这话深刻地揭示了保持自己的特长，让自己前行的道路能够顺应自己固有的特质延伸，对于杰出人士的成长，可谓至关重要。

保罗·塞内维尔在别人眼里是干什么都不行的庸才，但是，他总觉得自己有点儿与众不同的地方。有一天，他的脑子里飘起一段曲调，他便将它大概哼了出来，并用录音机录了下来，请人写成乐谱，名为《阿狄丽娜叙事曲》。阿狄丽娜正是他的大女儿。曲子谱好后，塞内维尔就在罗曼维尔市找了一个游艺场的钢琴演奏员为之录音。这个演奏员没啥名气，穷酸得很。塞内维尔给他取了个艺名，叫理查德·克莱德曼……这一演奏不要紧，演奏员在音乐界引起了轰动，唱片一下子在全世界卖了2600万张，塞内维尔轻而易举地发了财。他说："我不会玩任何乐器，也不识乐谱，更不懂和声。不过我喜欢瞎哼哼，哼出些简单的、大众爱听的调儿。"

塞内维尔只作曲，不写歌，他的曲子已有数百首，并且流行全球。20年来，塞内维尔靠收取巨额版税，腰缠万贯。

成功人士都是这样，保持特质，最后他们得到了一片蓝天。

## 坚持做最好的自己

300多年前，建筑设计师克里斯托·莱伊恩受命设计了英国温泽市政府大厅，他运用工程力学的知识，依据自己多年的实践，巧妙地设计了只用一根柱子支撑的大厅。

一年后，市政府的权威人士在进行工程验收时，对此质疑，认为这太危险，并要求他再多加几根柱子。

莱伊恩非常苦恼，坚持自己的主张吧，他们会另找人修改设计，不坚持吧，又有违自己为人的准则。莱伊恩最后终于想出一条妙计，他在大厅里增加了4根柱子，但它们并未与天花板连接，只不过是装装样子，来瞒过那些自以为是的人。

300多年过去了，这个秘密始终没有被发现。直到有一年市政府准备修缮天花板时，才发现莱伊恩当年的"弄虚作假"。

故事告诉我们：只要坚信自己能做到最好，他人的议论、责备就无法左右你。每个人都有独一无二之处，你必须看到自身的价值。

在一次演讲中，一位著名的演说家没讲一句开场白，手里却高举着一张20元的钞票。面对台下的200多人，他问："谁要这20元？"一只只手举了起来。他接着说："我打算把20元送给你们中的一位，但在这之前，请准许我做一件事。"他说着将钞票揉成一团，然后问："谁还要？"仍有人举起手来。

他又说："那么，假如我这样做又会怎么样呢？"他把钞票扔到地上，又踏上一只脚，并且用脚踩它。然后他拾起钞票，钞票已变得又脏又皱。"现在谁还要？"还是有人举起手来。

"朋友们，你们已经上了一堂很有意义的课。无论我如何对待那张钞票，你们还是想要它，因为它并没有贬值，它依旧是20元。"

其实，我们每个人都是如此，无论命运如何捉弄，我们都有自己的价值。

遗传学家告诉我们：我们每一个人，都是从上亿个精子中跑得最快、最先抓住机遇和卵子结合而生的，是46对染色体相互结合的结果，23对来自父亲，另23对来自母亲。每个染色体都有上百万个遗传基因，每个基因都能改变你的生命。因此，形成你现在的模样的概率是 30 兆分之一，也就是说，纵使你有 30 兆个兄弟姐妹，他们还是同你有相异之处，你仍旧是独一无二的。

美国诗人惠特曼在诗中说：

> 我，我要比我想象的更大、更美
>
> 在我的，在我的体内
>
> 我竟不知道包含这么多美丽
>
> 这么多动人之处……

我们每个人都具有使自己生命产生价值的本能。创造有价值的生命的本能是人体内的创造机能，它能创造人间的奇迹，也能创造一个最好的"自我"，关键是看你如何启用它。

美国思想家爱默生说："人的一生正如他一天中所设想的那样，你怎样想象，怎样期待，就有怎样的人生。"

## 保持自我本色，不一味模仿他人

成长路上，我们需要听取别人的意见。但听取别人的意见，不是照搬别人的经验，而是在学习的基础上有所发现。一味地模仿别人，只能永远生活在别人的影子中。

森林里举办百鸟音乐会，节目一个比一个精彩。百灵鸟清脆悦耳的合唱，夜莺婉转动听的独唱，雄鹰豪迈有力的高歌，大雁低回深沉的吟咏……博得了一阵又一阵热烈的掌声。唯有鹦鹉不以为然，脸上挂着嘲讽的冷笑："你们每个就那么两下子，有什么了不起？轮到我呀……哼！"

终于该鹦鹉上场了，它昂首挺胸地走上舞台，神气地向大家鞠了一躬，清清嗓子就唱了起来。

第一支歌，它学百灵啼；第二支歌，它学雄鹰叫；第三支歌，它学夜莺唱；第四支歌，它学大雁鸣……它垂着眼皮唱了一支又一支，完全陶醉在自己的歌声里。

音乐会评奖结果公布了，鹦鹉以为自己稳拿第一，可是它从第一名一直找到第十六名，也没有找到自己的名字。它不相信自己的眼睛，又从头找了一遍，还是没有找到。就这样，它仔仔细细、反反复复、一口气找了12遍，到底还是白费劲儿。

"怎么把我的名字漏掉了呢？"鹦鹉刚要挤出鸟群去找评奖委员会问问，快嘴喜鹊一把拉住它说："鹦鹉姑娘，你的名字在这儿呢！"

鹦鹉顺着喜鹊的翅膀尖一看，它的名字竟排在名单的尾巴上。

鹦鹉难过地哭了。它满腹委屈地找到评奖委员会主任委员凤凰说："我……我难道还……还不如乌鸦吗？为什么把我排……排在最后一名？"

凤凰诚恳地对它说："艺术贵在独创。你除了重复别人的调子外，有哪一个音符是你自己的呢？"

鹦鹉模仿能力不弱，百灵、雄鹰、夜莺、大雁，它都能学得惟妙惟肖，可惜百鸟演唱会不是模仿秀，没有自己特色的鹦鹉注定没有立足之地。同样，人生也不是模仿秀，你不能只一味地模仿他人。你尝试过像别人那样生活吗？还是你一直保持着自己的个性，以自己的方式生活着？

美国作曲家欧文·柏林与乔治·格什温第一次会面时，柏林已声名卓著，而格什温却只是个默默无名的年轻作曲家。柏林很欣赏格什温的才华，并且以格什温所能赚的三倍薪水请他做音乐秘书。但柏林劝告格什温："不要接受这份工作，如果你接受了，最多只能成为'欧文·柏林第二'。要是你能坚持下去，有一天，你会成为第一流的格什温。"

美国乡村乐歌手吉瑞·奥特利成名前一直想改掉自己的得克萨斯州口音，

打扮得也像个城市人，他还对外宣称自己是纽约人，结果只是招致别人背后的嘲笑。后来他开始重拾三弦琴，演唱乡村歌曲，才奠定了他在影片及广播中最受欢迎的牛仔地位。

既然所有的艺术都是一种自我表现，那么，我们只能唱自己、画自己、做自己，不管好坏；我们只要好好经营自己的小花园，也不论好坏；我们也只要在生命的管弦乐中演奏好属于自己的乐器。

只要按照自己的道路走，总有一天你会明白：模仿他人无异于自杀。因为不论好坏，人只有自己才能帮助自己，只有耕种自己的田地，才能收获自家的玉米。上天赋予你的能力是独一无二的，只有当你自己努力尝试和运用时，才知道这份能力到底是什么。

我们最大的局限在于我们的短视，而我们的短视在于无法发现自己的优点。威廉·詹姆斯这样认为："跟我们应该做到的相比，我们等于只做了一半。我们对于身心两方面的能力，只用了很小一部分，一般人大约只发展了10%的潜在能力。一个人等于只活在他体内有限空间中的一部分。他具有各种能力，却不知道怎样利用。"

那么，一般人是怎样做的呢？他们习惯用与别人的对比来发现自己的优缺点，这固然是一种好方法，但往往受主观意识影响。他们会很快发现，自己在某方面与别人差距甚大，因此会非常羡慕那个人。羡慕会导致无知的模仿，导致无谓的妒忌，或者受到激励般地向更高境界攀升，但最后一种情况毕竟所占比例甚小，而前面两种情况都容易导致自信心的丧失以及忧郁。

如果我们一味地模仿他人，只会失掉我们身上原本的特色。而模仿者总是很难超越被模仿者，所以如果真的想要依靠模仿取胜，就只能以失败告终。

其实，我们自身就有无穷的宝藏，何不快乐地保持自己的本色呢？所有的美丽均来自我们身上的特有气质，而非效仿的味道。

## 放下别人的看法，活出自我

活着应该是为了充实自己，而不是为了迎合别人。没有自我的人，总是考虑别人的看法，这是在为别人而活着，所以活得很累。

有个人上进心很强，一心一意想升官发财，可是从年轻熬到年长，却还只是个基层办事员。这个人为此极不快乐，感觉自己活得很失败，每次想起来就掉泪，有一天竟然号啕大哭起来。

一位新同事刚来办公室工作，觉得很奇怪，便问他到底因为什么难过。他说："我怎么不难过？年轻的时候，我的上司爱好文学，我便学着作诗、写文章。想不到刚有点小成绩了，又换了一位爱好科学的上司，我赶紧又改学数学、研究物理。不料上司嫌我学历太低，不够老成，还是不重用我。后来换了现在这位上司，我自认文武兼备，人也老成了，谁知上司喜欢青年才俊，我眼看年龄渐长，就要退休了，仍然一事无成，怎么不难过？"

没有自我的生活是苦不堪言的，没有自我的人生是索然无味的，丧失自我是悲哀的。要想拥有美好的生活，自己必须自强自立，拥有良好的生存能力。没有生存能力又缺乏自信的人，肯定没有自我。一个人若失去自我，就没有做人的尊严，就不能获得别人的尊重。

有些人认为：老实巴交会吃亏，被人轻视；表现出格又引来责怪，遭受压制；甘愿瞎混实在活得没劲；有所追求每走一步都要加倍小心。家庭之间、同事之间、男女之间……天晓得怎么会生出那么多是是非非。你和新来的女同事有所接近，有人就会怀疑你居心不良；你到某领导办公室去了一趟，就会引起各种各样的议论；你说话直言不讳，人家必然感觉你骄傲自满，目中无人；如果你工作第一，不管其他，人家就说你有权欲野心……凡此种种飞短流长的议论和窃窃私语，可以说是无处不生，无孔不入。如果你的听觉视觉尚未失灵，那你的大脑很快就会塞满乱七八糟的东西，弄得你头昏眼花，心乱如麻，岂能不累呢？我们无法改变别人的看法，能改变的仅是我们自己。想要讨好每个人是愚蠢的，也是没有必要的。与其把精力花在一味地去献媚别人，无时无刻不去顺从别人，还不如把主要精力用来踏踏实实做人，兢兢业业做事，刻苦学习。

改变别人的看法总是艰难的，改变自己总是容易的。有时自己改变了，也能恰当地改变别人的看法。太在乎别人随意的评价，自己不努力自强，人生会苦海无边。别人公正的看法，应当作为我们的参考，以利修身养性；别人不公正的看法，不要把它放在心上，以免影响我们的心情。如此一来，我们就不会为别人的看法耿耿于怀，能够按照自己的意愿去生活了。

# 第二章
## 活得拧巴，是因为你太在乎别人的肯定

## 别因追求肯定而使自己受挫

生活中，当我们遇到比较重要的事情而不能做出决定时，总是会向身边的人诉说，以征求他们的意见，从而有利于做出正确而明智的选择。如果是这样倒也无可非议，但有的人往往过于在意别人的看法，尤其当别人的意见与自己完全相反时，他们往往会产生受挫心理，开始怀疑自己，因而迟迟不敢做出决定，甚至做出错误的选择。

美国前总统罗纳德·威尔逊·里根小时候曾经去一家制鞋店，要求做一双鞋。

鞋匠问年幼的里根："你要什么款式的？"

里根摇了摇头，因为他自己也不知道想要什么样的。这个鞋匠以为他没有听懂，又问道：

"你是想要方头鞋还是圆头鞋？"

里根不知道哪种鞋适合自己，好像哪种都行，但又都不行。他一时回答不上来。无奈之下，鞋匠告诉他说："那你先回去好好考虑，想清楚了再来告诉我答案。"

三天过去了，里根还是没有去找鞋匠。鞋匠正着急，却看到里根在街上和几个孩子玩耍，于是又问起鞋子的事情。里根仍然犹豫不决，他看了一眼身边的小伙伴，似乎想请他们给自己做出决定，而这些孩子有的说圆头好看，有的说方头漂亮。

鞋匠看里根还是举棋不定，就说："行了，不难为你了，我知道该怎么做了。两天后你来取新鞋。"

两天后，里根兴奋地去店里取鞋，当他接过鞋子却发现鞋匠给自己做的鞋子一只是方头的，另一只是圆头的。

"怎么会这样？"他感到纳闷。

"等了你几天，你都拿不出主意，当然就由我这个做鞋的来决定啦。这是给你一个教训，不要让人家来替你做决定。"鞋匠回答。

当里根后来回忆起这段往事时说："从那以后，我认识到一点：自己的事自己拿主意。如果自己遇事犹豫不决，就等于把决定权拱手让给别人。一旦别人做出糟糕的决定，到时后悔的是自己。"

有时候，当我们犹豫不决，想从别人那儿得到确认和肯定时，这一方法也未尝不可，毕竟一个人的智慧是有限的，别人可能为我们提供更有价值的建议。我们也许能从别人那里获得更多信息，从而从更合理的角度看待问题。

当你困惑的时候，想找朋友谈谈你的决定是可以理解的，这可能很有帮助。可是，如果你不断地寻求确认和肯定，最后可能会将朋友赶走。他们可能对你这种没完没了的追问产生反感，甚至觉得你根本不信任他，有的朋友会认为你没有独立做决定的能力。一旦留下这样的印象，他们将会离你而去。

燕子是一名大四的学生，学习优秀，人缘也好。但最近一段时间，宿舍里几个姐妹对她都没有以前热情了。事情是这样的：

燕子一直暗恋她的一个高中同学，那个男生在附近的大学。几年来，他们常有来往，关系不错，似乎超越了普通朋友的界限，燕子却从来没有明确表达过自己的意思。但最近燕子从别的同学口中得知，这个男生好像与他们班的一个女孩走得很近。这样一来，燕子开始纠结，不知怎么办才好。

刚开始，燕子先是一个个地咨询宿舍的姐妹们，有人建议她与其这么痛苦不如主动表白；也有人说你们都这么多年了，他应该早知道你的心思。如果他明白你的想法却迟迟按兵不动，说明他对你没意思，如果是这样，你又何必自找尴尬呢？

可是燕子还是在这两种建议之间犹豫不决。后来，她把这件事直接提到晚上的临睡之前进行讨论。大家明白，说来说去就是两种方法，这种事情只有燕子才能做决定。当她再挑起这个话题时，姐妹们都佯装睡着，不再发表任何意见。

宿舍的几个女孩之所以不再接燕子的话茬，是因为她们觉得燕子不是在寻求建议，只是一种简单的倾诉，可这种反复的诉说已经让她们觉得厌烦。

由此看来，自己的事情就要自己做决定。如果情况真的让你感觉棘手，可以请他人帮忙出谋划策，但是这并不是让你盲从。别人的意见可以当作参考，自己必须进行全面权衡再做取舍。

## 面对批评，不管对错先考量一番

一个人无论什么时候都要虚心接受他人的批评，然而真正能够做到这一点的人却不多。有的人总是刚愎自用，受不得半句批评；有些人当面千恩万谢地接受，转身却忘得一干二净；有的人当面硬不认错，死要面子，其实心里也清楚自己做错了。

面对批评，这些做法都是错误的，不但不能达到解决问题的目的，还会给他人留下"固执""傲慢"的坏印象。

对待批评，正确的态度应该是从积极的方面来理解，应该把朋友的批评看作改进自我、完善个性、克制情绪、提高心理承受力以及激发斗志的机会。

下面故事中的李升就是因为不能正确面对别人的批评而栽了大跟头。

李升由打杂工一跃而成为一家建筑公司的工程造价部主任，专门估算各项工程所需的价款。有一次，他的一项结算被一个核算员发现错了 2 万元，经理便把他找来，希望他以后在工作中细心一点。李升反而大发雷霆："那个核算员没有权力复核我的估算，没有权力越级报告。"老板问他："那么你的错误是确实存在的，是不是？"李升说："是的。"经理见他如此态度，本想发作一番，念及他平时工作成绩不错，便小事化无不再说什么了。不久，李升又有一个估算项目被查出了错误。经理把他找来，刚说他的错误，李升就立刻翻脸："好了，好了，不用啰唆了。我知道你还因为上次那件事怀恨于我，现在特地请了专家查我的错误，借机报复。"经理等他发泄完了，便冷冷地说："既然如此，你不妨自己去请别的专家来帮你核算一下，看看你究竟错了没有。"李升请别的专家核算了一下，发现自己确实错了。经理对李升说："现在我只好请你另谋高就了，我们不能让一个不许大家指出他的错误、不肯接受别人批评的人来损害公司的利益。"

负面回应批评反映了一个人不良的做事态度，会严重影响一个人的人际关系和自我提升能力。缺点、错误是一个人成功的大敌，而批评的作用就在于指出缺点，引起你的警觉，如果一个人不能善待别人的批评，那你的缺点就永远无法改正。

事实上，我们每个人都应该接受来自他人的善意批评，因为人非圣贤，孰能无过，而且往往是错的时候比对的时候多。

善意的批评是人生中不能缺少的，它是我们增长见识必须付出的代价。这就要求我们正确看待批评，不管别人对我们的批评是对还是错，与其生气不如先考量一番，有则改之，无则加勉。

一个人要想成功，就要把批评当镜子，用这面镜子来照照自己，看自己到底存在哪方面的问题，并加以改正。虚心接受别人的批评，往往可以赢得别人的好感和尊重，这对你事业的成功不无好处。请看下面的例子。

一位顾客从食品店里买了一袋食品，打开一看，食物都发霉了。他怒气冲冲地找到营业员："你们店里卖的什么东西，都发霉了！你们这不是拿顾客的健康开玩笑吗？"几位顾客闻声赶了过来。这位营业员面带笑容，连声说："对不起，对不起！没想到食品会变质，这是我们工作的失误，非常感谢您给我们指出来，您是退钱还是换一袋呢？如果换一袋的话，可以在这里就打开来给您看一看。"面对这位营业员诚恳的微笑，并听到他真诚地说了对不起，那位顾客还能说什么呢？他又重新换了一袋，旁边的几个顾客也夸营业员的服务态度好，食品店以后的生意更加红火。

要学会把他人的批评当成宝，乐于接受建设性的批评并且遵照执行。

以下这些方法将指导你更好地对待批评：

1. 想一想到底是不是自己的错。先把利己主义抛到一边，如果朋友批评得有道理，就要客观地倾听他们的看法，并切实了解清楚，接下来思考如何解决问题。

2. 不要寻找替罪羊。不要试图争辩、迁怒他人或是矢口否认，以为事情能就此淡化。解释往往会被看成借口或否认。

3. 要合作，不要对抗。即使因为并不相干的事情受到了批评，也不一定非要选择对抗性的做法，不要给人留下"小家子气"的印象，多一些容人之量，和对方一起找到真正的问题才是解决之道。

请不要怀着敌意来看待批评，忠言逆耳，你要仔细聆听，了解他人的批评是否具有建设性。它能让你变得足智多谋、沉稳成熟。若懂得冷静聆听批评，既能保持情面，又对加深友谊具有积极的效益。固然有些批评是尖酸刻薄的，你也要淡化处理，这样他人才会越来越喜欢给你以忠言和卓见。

## 修复心灵上那道细微的害羞伤疤

英国著名哲学家约翰·洛克说过,不良礼仪有两种,第一种就是忸怩羞怯,我们只有克服害羞,才能让别人尊重我们。

人的害羞心态似乎是与生俱来的。从某些领域来看,害羞并不是一个完全贬义的词,有人甚至认为"适当的害羞是一种美德"。的确,害羞与不害羞究竟是好是坏,不能一概而论,但都不能超过一个有限的"度"。如果一个人害羞过了度,那么,他的生活就会充满痛苦。

徐欢是一名刚走上工作岗位的小伙子。尽管已经参加了工作,但他对与其他人交往有一种恐惧感,见到人脸就红。尤其是陌生人,如果与他们在一起时,他便会感到一种莫名其妙的紧张。当他与别人并肩而坐的时候,心中总是想要看看别人,这种欲望很强,但又因为恐惧而不敢转过脸去看。如因有事必须与他人接触时,不论对方是男是女,徐欢一走近对方,便感到心慌、神情紧张、面部发热,不敢抬头正视对方。如果与陌生人坐在一起,相距两米左右时,他就开始感到焦虑不安、手心出汗,神情也极不自然。由于这一原因,他很害怕与别人接触,进而害怕出去做业务,这影响了他的工作业绩和正常的生活,徐欢的内心感到非常痛苦。

徐欢表现出来的是一种典型的过度害羞心态。过度的害羞只会使人消极保守,沉溺在自我的小圈子里,不利于一个人的成功,甚至有可能造成心理障碍。

美国著名的心理专家朱迪斯·欧洛芙博士在其《正向能量》中说:"害羞是一种毫无意义的感觉,只会给内心带来痛苦,让你体会挫败,产生退缩心理,同时吸干你的生命力。"不仅如此,朱迪斯·欧洛芙还把害羞描述为"从内心深处狠狠地剜了一刀"，把害羞比喻成人们能量场中一道细微的伤口。

朱迪斯·欧洛芙博士指出每个人都会对某些事情感到羞耻，只是害羞的程度不同。我们要想将状态调整到最佳，就必须克服害羞。具体该怎样做，以下是几点克服害羞的小方法：

1. 做一些克服羞怯的运动。例如：将两脚平稳地站立，然后轻轻地把脚跟提起，坚持几秒钟后放下。每次反复做30下，每天这样做两三次，可以消除心神不定的感觉。

2. 深呼吸。害羞使人呼吸急促，因此，要强迫自己做数次深长而有节奏的呼吸，这可以使一个人的紧张心情得以缓解，为建立自信心打下基础。

3. 与别人在一起时，不论是正式或非正式的聚会，开始时不妨手里握住一样东西，比如一本书、一块纸巾或其他小东西，这对害羞的人来说，会感到舒服而且有安全感。

4. 学会专心地、毫不畏惧地看着别人。试想，你若老是回避别人的视线，老盯着一件家具或远处的墙角，不是显得很幼稚吗？难道你和对方不是处在一个同等的地位吗？为什么不拿出点勇气来，大胆而自信地看着别人呢？

5. 平时多读一些书，开阔视野。经常读些课外书籍、报纸杂志，开阔自己的视野，丰富自己的阅历，你就会发现，在社交场合你可以毫无困难地表达你的意见。这将会有力地帮助你树立自信，克服羞怯。

## 任何时候，都不要急于否定自己

英国著名改革家和道德学家塞缪尔·斯迈尔斯认为，一个人必须养成肯定思考的习惯。如果不能做到这点，即使潜在意识能产生更好的作用，仍旧无法实现愿望。与肯定性的思考相对的，就是否定性的思考，一个人如果习惯了否定性的思考，那么他看什么都是消极的。

人类的思考容易向否定的方向发展，所以肯定思考的价值愈发重要。如果一个人经常抱着否定想法，那他必然无法期望理想人生的降临。习惯用否定思维思考的人，他们往往对自己缺乏自信，他们经常否定自己，他们老是认为"凡事我都做不好""人生毫无意义可言，整个世界只是黑暗""过去屡屡失败，这次也必然失败""没有人肯和我合作""我是一个没什么能力和特长的人"……抱着这种想法，他们的生活往往不快乐。

当我们问及此种想法为何产生时，得到的回答多半是："我本来就是这样，我对我自己也没什么信心。"尤其是忧郁者，他们会异口同声地说："我也拿自己没办法。"然而，换一个角度去想，现实并不如你所想象的那么糟。

肯定了自我，有了乐观而积极的想法，我们才会找到新的人生方向和意义。诸如失恋、失业之类的残酷事实，有时会不可避免地发生，但千万不要因此而绝望地否定自己，从此就一蹶不振。只要我们肯定自己的能力，相信自己还可以继续生活下去，就没什么可以阻挡我们前进。

特别是当我们处于绝望的状态时，我们更应肯定自己，告诉自己凡事只有尝试过了才知道结果，不要在一切行动还没开始之前，就先下结论断定自己不行。

两兄弟相伴去遥远的地方寻找人生的幸福和快乐。他们一路上风餐露宿，困难重重，在即将到达目的地的时候，遇到了一条风急浪高的大河，而河的彼岸就是幸福和快乐的天堂。关于如何渡过这条河，两个人产生了不同的意见，哥哥建议采伐附近的树木造一条木船渡过河去，弟弟则认为无论哪种办法都不可能渡过这条河，只能等这条河流干了，走过去。

于是，建议造船的哥哥每天砍伐树木，辛苦而积极地制造船只，同时学会了游泳；而弟弟每天只知道消极等待，等待河里的水快快干掉。直到有一天，已经造好船的哥哥准备扬帆的时候，弟弟还在讥笑他的愚蠢。

不过，哥哥并不生气，临走前只对弟弟说了一句话："你没有去做这件事，怎么知道自己不行？"

能想到等河水流干了再过河，这确实是一个"伟大"的创意，可惜这是个注定失败的创意。这条大河终究没有干枯掉，而造船的哥哥经过一番风浪最终到达彼岸，两人后来在这条河的两岸定居了下来，也都有了自己的子孙后代。河的一边叫幸福和快乐的沃土，生活着一群自信的人；河的另一边叫失败和失落的荒地，生活着一群不断否定自我的人。

在我们的身边经常听到这样的声音，"我不行""我不能"。你真的不可能吗？你真的不行吗？不一定。你没去尝试，你怎么知道自己不行？

经常把"我不行""我不能"挂在嘴边，是一种愚蠢的做法。为什么这么说，因为如果我们常常说自己不行，就相当于给了自己一个消极的心理暗示。你的意识会接受并慢慢记住这个指令，时间长了，你真的就会朝着这个方向发展。

所以，你永远不要说"我不行""我不可以""我一定做不到"之类的话。记住一个吸引力法则：你想美好的事情，美好的事情就真的会跟随而来；你想消极的事情，事情就会朝着消极的方向发展。因此，无论什么时候，无论做任何事情前，我们都不要急于否定自己。

## 别人的否定不会降低你的价值

生命的价值取决于我们自身，除了自己，没人能让我们贬值。很多人在生命中会遇到低谷，有失意的时候，但苦难也不能让生命贬值；相反，它更是财富。

1944年4月7日，格哈德·施罗德出生在德国北威州的一个贫民家庭，他出生后第三天，父亲就战死在罗马尼亚。母亲带着他们姐弟二人相依为命。

生活的艰难使母亲欠下许多债。一天，债主逼上门来，母亲除了痛哭无能为力。年幼的施罗德拍着母亲的肩膀安慰她说："别伤心，妈妈，总有一天我会开着奔驰车来接你的！"

1950年，施罗德上学了。因交不起学费，初中毕业后他就到一家零售店当了学徒。贫穷带来的被轻视和瞧不起，使他立志要改变自己的人生："我一定要从这里走出去。"他想学习，他在寻找机会。1962年，他辞去了店员之职，到一家夜校学习。他一边学习，一边到建筑工地当清洁工。这样不仅收入有所增加，而且圆了他的上学梦。

4年后，他进入哥廷根大学夜校学习法律，圆了上大学的梦。毕业之后，他当了律师。32岁时，他当上了汉诺威霍尔律师事务所的合伙人。回顾自己的经历，他说，每个人都要通过自己的勤奋努力，而不是通过父母的金钱来使自己接受教育。这对个人的成长至关重要。

通过对法律的研究，施罗德对政治产生了兴趣。他积极参加政党的集会，最终加入了社会民主党。此后，他逐渐崭露头角、步步高升。1969年，他担任哥廷根地区的主席，1971年得到政界的肯定，1980年当选议员。1990年他当选为下萨克森州总理，并于1994年、1998年两次连任。政坛得志，没有使他放弃做联邦政治家的雄心。1998年10月，他走进联邦德国总理府。

1990年，施罗德的妈妈终于等到了这一天。施罗德担任了下萨克森州总理，开着奔驰车把母亲接到一家大饭店，为老人家庆祝80岁生日。

是的，就像施罗德这样，即使再困苦，他的生命也不卑微，也没有贬值。在我们的生活中，或许常常会因身份的卑微而否定自己的智慧，因地位的低下而放弃自己的梦想，有时甚至因被人歧视而消沉，因不被人赏识而苦恼。这个时候，我们就应该大声对自己说：我生命的火焰永不熄灭，总有一天，会照亮大地与天空。

"自古雄才多磨难，从来纨绔少伟男"，人们最出色的工作往往是在挫折逆境中做出的。我们要有一个辩证的挫折观，认识到挫折和教训可以使我们变得聪明和成熟，正是失败本身才最终造就了成功。

## 取悦世界前先取悦自己

如何取悦自己与如何使自己高兴是两码事，取悦自己就是如何懂得自我欣赏、自我陶醉，使自己有成就感、优越感；更重要的是要对自己有自信。实际上，取悦自我更多的时候是一种态度。

生活美学专家金韵蓉在她的心灵励志作品《谁能写出玫瑰的味道》一书曾讲过关于如何取悦自我的一些经历：

这几年，不管是在写作还是在不同场合分享生活经验时，我都喜欢提到"态度"这个东西。其实这是有缘由的。因为在我这几十年的生命历程中，有过两次和它有关的刻骨铭心的痛楚和觉醒经验，因而促使我能比较深刻地去看待它。

第一次是我刚上大学时。记得那天我在台北的街头等公交车，站在我身旁的是一位金发碧眼的年轻男老外，估计是来我们学校的交换学生或是来学中文的。等车的时间有点儿长，这位老外可能为了打发时间，因此转头问我读的是哪个科系。由于还不太有和老外直接对话的经验，我当时紧张得完全记不得我念的科系的英文该怎么说，所以结结巴巴地答不上来。

没有想到就在我满脸通红、结结巴巴的过程中，那个老外居然用十分鄙夷的眼光斜看着我，并冷冷地撂下一句话：你确定你是大学生？然后就转过头去，再也不瞧我一眼！

从那天之后，我就发誓要好好把英文口语学好。但那时我还没有领悟并学到"态度"。

第二次惨痛经历是在巴黎。

为了省下地铁钱，我在巴黎时每天都背着大大的书包走三站地往返于学校和住处之间。通往学校的路上有一排精致的商店，每天我背着书包，浏览商店的橱窗，走着走着就到了，因此不觉得路途遥远。在那排商店中，有一间十分精致美丽的服装店，每天"瞻仰"那家服装店的橱窗里所陈列的漂亮衣服，是当时手头拮据的我的一个小小的虚荣梦想。

有天早上上学，我兴奋地发现这家服装店挂出了换季打3～5折的告示，当时就想，嗯，也许下课回来的路上可以进去看看（此前虽然每天经过，可我从来没敢走进去过）。

当天下午4点左右，我终于走进了这家美丽的小店。小店里除了左右两排吊挂的衣服之外，小小的店中央还摆了两个堆满衣服的花车。许多法国女人在那里挑选并试穿衣服。我怯怯地走近花车，怯怯地看看价格吊牌，怯怯地拿起一条长裤，并怯怯地询问店员我能否试穿。

当时那条长裤并不合身，我因此又拿了另外一条，可惜还是不合身，就在我伸手从花车里准备拿第三条长裤时，当着众人的面，那位法国女店员竟挡住了我的手，冷冷地说：你不可以再试穿了！

我当时只觉得全身的血液都冲到了脸上，身体因羞耻而轻微地颤抖。在一阵晕眩中，我慌乱地拿起收银台边挂着的一串项链，几乎是以"玉石俱焚"的心情，花了120法郎买下了它，然后几乎是脚不着地地逃离了商店。（我为自尊所付出的代价是：连续两个星期只吃得起干干的法棍面包！而那串铭刻着羞辱、依照当时物价所费不菲的项链，早就被我下意识地丢失了！）

满怀着受伤和羞辱的心情离开了那家商店之后，灰蒙蒙的天空正下着毛毛细雨，我一路跑回住处，和着雨水，我的脸早已被泪水完全浸湿。

当天晚上，心情稍微平复之后，我躺在床上强迫自己回想下午的情景，强迫自己找出问题的原因：为什么别人都可以一再试穿，而我却不能？为什么她敢用这种态度来对待我？

最后，我明白了，因为我"允许"她这么对待我！因为我的态度、我的神情、我的举止都告诉了她——你可以欺负我。

从这件事情之后，我开始学习并慢慢地变得坚强，我从疼痛中看到了相信自己和肯定自己的重要，也了解了在平衡的人际关系中得先学会取悦自己再取悦别人。

尽管生活有些压抑低沉，但人生并不因此而日暮途穷。在取悦别人的同时，更多的人学会了在生活的琐碎中寻找简单的快乐，在枯燥的岁月中感受平淡的幸福，尽管这些快乐和幸福像火柴划出的光芒一样短暂而微弱，但在他们的内心中，还是摇曳出了蓬勃而永恒的春意。也许，这是一种无奈的"韧"的战斗精神；也许，在生活的夹缝中，活得的确有些委曲求全。但正是因为这样一种妥协，在备尝了取悦别人的乏味和枯燥之后，一转身，我们竟因此而成全了自己，平平稳稳地过完了一辈子。

## 勇敢地去做你害怕的事

恐惧是我们生活和事业成功的最大障碍。它具有极大的破坏力，而且往往藏在潜意识之中，不知不觉地促使我们消极地去看待世界。它会让我们凡事往坏处想，进一步加重这种害怕的心理，直接影响我们的工作和生活中的各个方面。为了铲除这种心理，我们必须向恐惧挑战，勇敢去做自己害怕的事情。

所有的恐惧心理都是经由引起恐惧的事件或想法一再重演而后天形成的。所以，你也可以不断用鼓励的行动来对抗恐惧，破除恐惧心理。举例来说，假如你害怕拜访陌生人，克服害怕的方式就是不断面对它，直到这种害怕消失为止。这是建立人生信心与勇气最好、最有效的方法。

李兵刚刚从事销售工作时，还是比较有信心的，他一天拜访几十家客户，但由于工作经验不足，推销方式不当，常常被客户拒之门外。被拒的次数多了，时间一长，李兵患上了"敲门恐惧症"。

后来，李兵甚至不敢再去拜访客户，无奈之下，他去请教心理医生，医生弄清他的恐惧原因之后说："假定你现在站在即将拜访的客户门外，我来问你几个问题，请你如实回答。"

李兵点了点头，表示同意。下面是他们之间的对话。

医生：请问，你现在位于何处？

李兵：我正站在客户家门外。

医生：那么，你想到哪里去呢？

李兵：我想进入客户的家中。

医生：当你进入客户的家以后，你想想，最坏的情况会是怎样的？

李兵：大概是会被客户赶出来。

医生：被赶出来后，你又会站在哪里呢？

李兵：还是站在客户家的门外呀！

医生：那不就是你此刻所站在的位置吗？最坏的结果不过就是回到原处，又有什么好恐惧的呢？

李兵听了医生的话，惊喜地发现原来敲门根本不像他想象的那么可怕，从这以后，当他来到客户门口时，再也不害怕了。他对自己说，让我再试试，说不定就能获得成功，即使不成功也不要紧，我还能从中获得一次宝贵的经验。不要紧，最坏的结果就是回到原处，对我没有任何损失。

李兵终于战胜了"敲门恐惧症"。由于克服了恐惧，他当年推销成绩十分突出，被评为"优秀推销员"。

恐惧和自我肯定的关系就像跷跷板一样。害怕程度越高，自我肯定程度就愈低。你采取行动去提升自我，肯定程度就会降低你的恐惧。采取任何行动去降低你的恐惧就会增加自我肯定，改善绩效。

世上没有什么事能真正让人恐惧，恐惧的原因是自己吓唬自己。当不少人碰到棘手的问题时，总是习惯设想出许多莫须有的困难，这自然就产生了恐惧感，遇事你只要大着胆子去干时，就会发现事情并没有自己想象的那么可怕。

## 消除自己渴望被赞许的心理

爱面子的人都希望得到别人的赞许，但是要有度。尽管赞许会让你的面子增色不少，却是精神上的死胡同，它绝不会给你带来任何益处。

一位名叫奥齐的中年人，对于现代社会的各种重大问题都有着自己的一套见解，如人工流产、计划生育、中东战争、水门事件、美国政治等。每当自己的观点受到嘲讽时，他便感到十分沮丧。为了使自己的每一句话和每一个行动都能为每一个人所赞同，他花费了不少心思。他向别人谈起他同岳父的一次谈话。当时，他坚决赞成无痛致死法，而当他察觉岳父不满地皱起眉头时，便几乎本能地立即修正了自己的观点："我刚才是说，一个神志清醒的人如果要求结束其生命，那么倒可以采取这种做法。"奥齐在注意到岳父表示同意时，才稍稍松了一口气。

他在上司面前也谈到自己赞成无痛致死法，然而却遭到强烈的训斥："你怎么能这样说呢？这难道不是对上帝的亵渎吗？"奥齐实在承受不了这种责备，便马上改变了自己的立场："……我刚才的意思只不过是说，只有在极为特殊的情况下，如果经正式确认绝症患者在法律上已经死亡，那才可以截断他的输氧管。"最后，奥齐的上司终于点头同意了他的看法，他又一次摆脱了困境。

当他与哥哥谈起自己对无痛致死的看法时，哥哥马上表示同意，这使他长长地出了一口气。他在社会交往中为了博得他人的欢心，甚至不惜时时改变自己的立场和观点。奥齐脑海中不存在个人思维，所存在的仅仅是他人做出的一些偶然性反应；这些反应不仅决定着奥齐的感情，还决定着他的思维和言语。总之，别人希望奥齐怎么样，他就会怎么样。

现实生活中，这样的人和事也不少。

一旦寻求赞许成为一种需要，做到实事求是几乎就不可能了。如果你感到非要受到夸奖不行，并常常做出这种表示，那就没人会与你坦诚相见。同样，你不能明确地阐述自己在生活中的思想与感觉，你会为迎合他人的观点与喜好而放弃你的自我价值。

人在社会交往中必然会遇到大量反对意见，这是现实，是你为生活付出的代价，是一种完全无法避免的现象。所以，消除你希望被所有人赞许的心理，这样才能让你在社会交往中展现自我。

## 众人面前，果断说出自己的观点

有人说，人成熟的标志就是：听的越来越多，说的越来越少。遇见与自己观点相悖的话语，也不会勃然大怒了。成熟，似乎自来就是和沉默联系在一起的。

很多人认为，一个成熟的人不应该在别人面前轻易发表自己的观点，尤其是自己的世界观、人生观和价值观。

这是为什么呢？

很好理解，因为一旦说多了，只会把自己暴露，丧失了话语的威信，变成一只嗡嗡作响的苍蝇，甚至有人认为，人们在众人面前阐述自己的观点，是一种不自信和炫耀的表现，是为了获得他人的注意。

就像某个流行语说的：一个人炫耀的经常是他没有的东西，而内心真正充实的人不会这样。于是，沉默变成了深沉，而表达变成了无知。这种现象真的是合理的吗？

从心理学上讲，我们每个人都有表达自己和获得他人关注的心理需要，如果这种需要被刻意忽略，不仅不利于心理健康，还会影响正常的人际关系。尤其是在工作当中，如果你不会正确地表达你的观点，清楚地说出你的想法，时间一长，就会变成团队里那个可有可无的人，在朋友圈中亦是如此。

话语即权力。话语往往可以在潜移默化当中控制听众的思维模式，这就是话语这种权力的作用方式。

有这样一句谚语："有十个人，如果九个人沉默而其中一个人开口说话，那么说话的那个人就是领袖。"换句话说，人都是有从众心理的。所谓从众，就是羊群效应，一旦你说的话能感染一部分人，那么人群的大部分人都会赞同你、支持你、跟着你走。

懂得说出自己的观点，可以让你在与平等关系者相处时，能够赢得旁人的支持。在与领导上级相处时同样也要果断说出自己的观点，这样才能引起足够的重视。

所谓"会哭的孩子有奶吃"，资源总是有限的，你必须表现出你对资源的渴求以及资源在你手中的高利用率，你才能获得分配权，而这一切都需要你果断地、明确地表达自己的观点。

过去我们总是说一句话，叫"酒香不怕巷子深"，但在如今这个信息更新换代极快的时代，却是"酒香也怕巷子深"。在这个社会，仅仅会做肯定是不够的。要想别人注意到我们，我们就不但要会"做"，而且还要会"说"。

在办公室里，那些只会埋头苦干不会表现自己的人常常遭人忽视，例如，升职加薪的好事从来轮不到他们头上，恐怕累死累活也只是白忙一场。他们常常容易受到忽视，根本没有人在意他们的存在。所以，如果你工作出色又想有所回报，显示出你的自信就变得尤为重要了。

你应该学会这样：在该说出自己的想法和意见的时候就开口，该争取自己利益的地方就争取，该拒绝的时候就果断拒绝。不去隐瞒自己的观点，要敢于自我表达，直截了当地说出自己想说的。

这样做的结果就是，你需要的都会得到满足，你的努力会很快地变成事业上的成就，收到的效果是非常明显的。而那些缺乏自信不善言辞的人，往往会因为工作量越来越大而不堪重负，业绩会下降或无法按时完成任务，即使工作上有所成就，上司也未必会了解他的工作究竟有多出色，结果，在加薪时，老板往往会把他的名字忘得一干二净。

当然，表达自己的观点并不是盲目的，而是有一定技巧与方法，下面我们就其中比较重要的几点做一个归纳。

首先是敢于表达观点，自信承担责任。敢于表达自己的观点，其实质是敢于承担话语背后的责任。有的人胆子很小，一言不发或者欲言又止，往往就在于害怕承担责任，生怕"祸从口出"。

可是，谨慎是必须的，胆小却是不行的。所谓熟能生巧，一次会说错，两次会说错，多多联系，自然就能掌握说话的艺术了。除此之外，你还要学会不打断别人的发言，学会倾听。敢于发表自己的观点不是不分场合、不分时间地点地乱说，而是说得恰到好处。

其次是你在说话时必须保持对对方的足够尊重，要倾听对方的意思，尽可能理解对方的立场，并且站在对方的立场上进行换位思考。这是一种善意的行为。

"子贡方人。子曰：'赐也贤乎哉？夫我则不暇。'"

孔子的学生子贡恃才傲物，说话有点刻薄不够委婉，孔子听说后就说："子贡对人说话这样，他还能成为贤人吗？换作是我，我哪里有时间去对别人吹毛求疵啊！"

有的时候最快达到终点的方法不是直线的，而是迂回曲折。我们与人沟通也是这样，刚硬的话可能很有道理，但对方不一定听得进去。柔软的话在说之前要润色可能会费一点功夫，但对方听得进去，就效率而言肯定是后者更加有效。人们在沟通的过程中要考虑对方能不能听得进去，你讲得再对但对方听不进去也是枉然。只有适应对方让对方听得进去，才能达到我们沟通的目的。

有时候，尽管你的观点别人不接受，但一样会产生影响，不至于将自身摆到与对方对立的立场上去，有利于进一步的说服。我们要做的是使得自己的观点能够尽可能地被人接受，那么考虑对方的观点，与自己的想法进行比较分析，求同存异来获得共识就是非常重要的一步。

最后，在表达自己观点的时候，一定要记住一个原则："态度要真诚，语气要坚定。"既不能模棱两可，又不能咄咄逼人。只有立场坚定，观点简洁有力，你才更能被人信服和尊敬。

## 别不好意思批评，真诚让你更有人缘

在《钢铁是怎样炼成的》一书中，有这样一句话："真正的朋友应该说真话，不管那话多么尖锐。"但实际上，有这样一个"直言进谏"的朋友却是可遇而不可求，更多的时候，朋友在一起只会相互恭维，即使真的看出了什么问题，也不好意思直接指出来。结果，一旦出了事，别人不会觉得你是善良、不忍心说破，只会觉得你虚伪，看出问题为什么不早说。

反之，如果你真诚地表达出自己的看法，即使当时会让朋友心里不舒服，但时间一长，他会了解你的良苦用心，从而把你当成真正有价值的好朋友。

生活中，为了让别人正视自己的缺点错误，我们免不了会批评和指责别人，以求别人能够改变他们自己的行为及态度。

这个时候，不仅要敢于表达自己真实的看法，还要懂得说话的技巧。有些人喜欢指责别人，是在借着贬低别人而抬高他自己，是一种变相的炫耀和自夸。有的人说别人的穿着打扮不好看，言外之意就是他自己很好看；有的人说别人的工作不怎么样，言外之意就是自己的工作比较好；有的人说别人不会做事、幼稚，言外之意就是在说自己成熟；有的人说别人工作不努力，言外之意就是在说他自己很努力。所以有些人是通过这样的指责来把自己摆在了高高在上的位置。

像这样的并非出于真心，而是明显能感觉出假意的批评指责，自然是难以令人接受的，即便是真的对受指责的人有好处，也没有人会愿意承认自己的错误。批评者不但达不到目的，反而会适得其反。那么，我们如何正确地表达自己的批评意见呢？

首先，就事论事，对事不对人。

当我们确实需要讨论一些事情的时候，最好把需要讨论的问题明确出来，不能脱离了主题，成了你说我不好，我说你不对的市井骂战，到头来都不知道是为了什么再争吵，成了纯粹的人身攻击。只有一个基于具体论点的争论，针对具体问题的讨论，才能收到有益的效果。

过于尖锐的批评是不可取的，这只能刺伤对方。要知道，当一个人改正自己错误的时候，永远不会认为是你把自己的意见强加在他的身上，而是源于他自己的觉醒。所以如果我们想要通过批评指责的方式来提醒别人，那么语句一定要力求简短。让对方明白意思，点到为止，而不能指责起来不留情面，滔滔不绝，对批评过于热衷，那就变成人身攻击了。

其次，先说优点，再说缺点。换一种说法委婉的表达。

卡尔文·柯立芝是美国的第三十任总统，他有一位女秘书，她虽然外貌极佳，但是在工作上却并不是无可挑剔。一天早晨，秘书穿着一身崭新的连衣裙出现在了总统的办公室，总统便对她说："年轻的小姐，今天你这身衣服很漂亮，非常适合你。"秘书听了非常高兴，简直是受宠若惊。总统又接着说："所以，我相信你也会把公文处理得一样漂亮。"女秘书听明白了总统的意思，从此在工作上就很少出错了。

这个道理就是，如果我们想要给人刮胡子，那么就应该像理发师那样，先给人涂上肥皂水，然后再拿起剃刀，这样别人才不会感觉到疼痛。

歌德在表达自己对雨果的剧本《玛利安·德洛姆》并不满意时说："在这种情况下，我们只能看出一个优点，就是作者对描绘细节很擅长，这当然还是一种不应小看的成就。"于是歌德就这样委婉地指出了雨果在行文上过于注重描绘细节的缺点。

智者委婉含蓄，蠢人口无遮拦。同样的一句话，如果我们能够婉转表达，而不是直言不讳，就更容易让人接受了。

再次，润物细无声，用自己做榜样影响他人。

孔子曰："其身正，不令而行；其身不正，虽令不从。"所以如果我们事事都能以身作则，那么也就可以在无形中让别人意识到自己的错误，改正自己的过失了。

日本前经联会会长土光敏夫，在1965年曾出任东芝电器的社长。当时的东芝电器经营效益并不好，管理不善，盈利能力也不高。土光敏夫决心在东芝电器有所作为，整顿这种萎靡不振的风气。他认为，最有效的说服力就是以身作则。他每天都第一个到公司上班，最后一个才离开，非常地努力。

有一天，由土光敏夫带领东芝电器的一位董事去参观一艘名叫"出光丸"的巨型游轮。土光敏夫准时到达，那位董事乘坐公司的车随后赶到。董事见面后说："社长先生，对不起我来晚了。现在我们一同乘坐你的车去吧。"因为这位董事认为土光敏夫肯定也是坐专车来的。然而土光敏夫说："今天不是工作日，所以我并没有乘公司的专车，那么我们就坐电车吧！"

其实这是土光敏夫为了纠正公司铺张浪费的不正之风，以此来提醒这位董事。公司上下很快就知道了这件事，于是员工们也就不再敢随便铺张浪费了。

批评指责不是万能的，润物细无声往往能起到以暴制暴所不能达到的效果。当面指责别人，难免遭到顽强的抵抗；而以身作则，行不言之教，会受到爱戴。

一名心理学家说过："一个积极的完美主义者会鼓励别人不断进步，而一个消极的完美主义者会不断对别人提出批评。"我们首先要站在同情和理解的立场上对待别人，只有这样，当我们想要指出他的不足之处的时候，才会让人感到我们的真诚，才不至于吹毛求疵。也只有让对方切身地感受到你是他的同盟而非他的敌人的时候，他才愿意去敞开心扉，反省自己。

## 不从众，坚持自己的主见

一个人总要有自己的原则、自己的立场，不能一味地迁就别人，一点儿主见也没有。

罗宾斯没别的毛病，就是天生的耳根子软，别人说什么他听什么，妻子一生气就骂他是"应声虫"。中午订餐，同事问吃什么，他犹犹豫豫地想了一会儿说："吃汉堡吧！"同事一听："汉堡有什么好吃的，要比萨吧。"罗宾斯赶紧点头："行，行，行！"罗宾斯不但生活中这样，工作中也是这样，他从来也提不出什么像样的意见，什么事都听人家的，所以在单位里开会时，他永远是坐在角落里发呆的那一个。

前不久，妻子回娘家了，说是要跟他离婚，起因竟是一卷壁纸。妻子嫌卧室里的壁纸太旧了，想换上新的，正巧身体不舒服，就让罗宾斯一个人去买。妻子一再嘱咐他按照家具的颜色搭配着买，可他却禁不住售货小姐的游说，买了一种深蓝色直条纹的壁纸。贴上以后，妻子总觉得自己好像睡在监狱里一样，她觉得丈夫太没用了，很多同事都利用他好说话来占便宜，领导把他当软柿子捏来捏去，售货小姐居然也把他当"冤大头"，日子再也没法过了，妻子愤怒地收拾东西离开了这个家，罗宾斯则坐在沙发上唉声叹气。

生活中耳根子软的人实在是太多了。别人说什么他就听什么，毫无自己的主见。而往往因为他生性软弱、不够自信，使得他不能坚持自己的主张和观点，别人正是利用了他耳根子软这个弱点来占便宜、欺负他。

罗宾斯的毫无主见是十分可笑，也十分可悲的。其实，放眼世界，大多数人不都是如此吗？起哄、跟风、随大流、亦步亦趋、凑热闹、依赖他人是许多人做人做事的习惯，这就是大多数人不能成功的原因。遇事爱盲从、依赖他人、没有主见的人，就像墙头草，风吹向哪里就倒向哪里，没有自己的原则和立场，不知道自己能干什么、会干什么，自然与成功无缘。

坚持你的立场，不盲从他人的主张，才会得到成功的眷顾。

苏格拉底教导弟子从来都不是直言相劝，而是把深刻的道理寓于典型的事例中，让弟子们自己去体会。有一次，众弟子向他请教怎样才能坚持真理，苏格拉底照例没有直接回答，而是让大家坐下来，他用手指捏着一个苹果，慢慢地从每个同学的座位旁边走过，一边走一边说："请同学们集中精力，注意嗅空气中的味道。"

然后，他回到讲台上，把苹果举起来左右晃了晃，问："哪位同学闻到了苹果的味儿？"

有一位学生举手回答说："我闻到了，是香甜的味道！"

苏格拉底再次走下讲台，举着苹果，慢慢地从每一个学生的座位旁边走过，边走边叮嘱："请同学们务必集中精力，仔细嗅一嗅空气中的气味。"

过了片刻，苏格拉底第三次走到学生当中，他让每位学生都嗅一嗅苹果。这一次，除了一位学生外，其他学生都举起了手。苏格拉底微笑着。可是那位没举手的学生左右看了看，也慌忙举起了手。

苏格拉底脸上的笑容不见了，他举起苹果缓缓地说："非常遗憾，这是一个假苹果，什么味道也没有。"

人都有一种从众的心理，面对外界事物作出判断时，尽管一开始拥有自己的主张，可一旦周围持反面立场的人多了，甚至是呈一边倒的时候，他就会怀疑自己的选择是错误的，从而使心理的堤岸崩溃，转而改变立场。盲从竟是如此可怕，会让你放弃自己的立场，转投其他，尽管真理原本站在你的一边。打破盲从的轨迹，坚持自己的立场，成功才能够眷顾你。

做人最怕的不是贫穷，而是没有主见，禁不住外界的诱惑而随风摇摆，最终随波逐流，放弃了自己最宝贵的东西。

无论在生活中还是在工作中，我们经常都会遇到意见、看法与自己相左的人。我们自己认为十分精彩的想法或得意的报告却被他们贬得一文不值，我们竭尽全力做出的创意被他们指责为脱离实际，我们认为做得很好的事却常常成了别人批评的焦点。面对这些批评，大多数人都会头脑发热，据理力争，甚至还会用非常恶毒的话予以还击，结果使事情变得更糟。还有一些没有主见的人，一听到别人的批评，马上就推翻自己之前的所有努力，结果在成功路上走了弯路，这对他们而言，不能不说是一种极大的损失。

其实，不管你做什么事，总会有人对你的表现提出反对意见，过分看重别人的批评，只会增加自身的压力，如果仅仅因为批评而否定自己，更不是明智之举。例如，在美国总统选举过程中，胜出者也并不是所有人都支持的。所谓的压倒性胜利指的仅仅是有60%的人投你的票，也就是说，就算是一个大赢家，也还是有40%的人投反对票。明白这个道理，在别人的批评面前，就能保持冷静与开阔的胸襟了，毕竟没有一个人好到无懈可击，可以完全避免批评。

古人说："金无足赤，人无完人。"谁都不能夸口自己是完美的，同时，也没有人一无是处。因此，在迷茫时听取别人的意见，但在自己胸有成竹时就要坚持自己的主见。真理常常掌握在少数人手里。坚持自己的主见，你才能拥有属于自己的精彩人生。

## 放下虚荣，回归本真

虚荣心是一种很复杂的社会心理现象，它借用外在的、表面的东西来弥补自己的不足，以赢得别人的注意和赞扬。

虚荣心很难说是一种错误，但很多严重的错误都因虚荣心产生。虚荣心作为人的一种心理需要，是普遍存在的。它有双重作用，如果正确利用虚荣心，使它同上进心结合在一起，会调动人的工作积极性和热情；如果一味地为了满足自己的虚荣，被虚荣牵着鼻子走，就会深受其害，给工作和人际关系带来消极影响。

虚荣者的虚荣心很强，但他的深层心理却是心虚，为了追求面子，不惜打肿脸充胖子，内心是很空虚的。虚荣者表面的虚荣与内心深处的心虚总是在斗争着，表面一个样，实际上是另一个样。虚荣者想把美好的一面展现给世界，但其实那不是真实的自己，而是丑恶的嘴脸加上腐烂的骨肉。

一个干了一辈子农活的庄稼人，生平第一次买彩票，竟然中了千万大奖，就这样，他一夜之间成了暴发户。有了钱之后，他觉得自己现在身份也不一样了，想着自己需要一辆车。于是，第二天他就去买了一辆豪华轿车。

买了车之后，他又想到反正有这么多钱，干吗还要住在这个穷困的山村，于是，他又在城市里买了一套房子。但是，住在城市里的庄稼人每天都要开车到以前住的村子里去。他希望看到任何人，也希望任何人都能看到他。因为他喜欢炫耀自己，所以，总是"开着"轿车左拐右拐地穿过大街小巷，去与每一个人讲话。可是他走得很慢，比自行车还要慢。原因非常简单，这辆既美丽又气派的轿车是用两匹马拉着的。

其实，并不是汽车引擎不能发动，而是老农民不晓得把钥匙插进去发动它。

有了钱的庄稼人渐渐觉得孤单起来，他发现自己的朋友越来越少，连他的亲人都不答理他了，就算是碰面了也只是说几句奉承他的话，有的亲人还虚心假意地算计他。庄稼人觉得自从有了钱以后，很多东西都变了，生活越来越无趣了，他开始怀念干农活的日子，和乡亲们说说话，小聊几句，开开玩笑，多么惬意啊！可是，现在呢，他觉得自己什么都没有了。

最后，他又回到农田里继续耕田种地，因为他觉得只有这样他才会感到充实和快乐。

一些虚荣心很强的人，通常情况下意识不到自己的虚荣，即使意识到也不肯承认自己的虚荣。

现实生活中，有很多贪图虚荣的人，绝不仅仅是为了满足荣誉上的需求，归根到底是通过争名而夺利，这才是虚荣的本质属性。因此，好利是好名之因，争利是争名之源，只有抗拒利的诱惑，才能摆脱虚荣心理的纠缠，坚持自我本色。

# 第三章

# 可以替别人着想，但一定要为自己而活

## 永远不要失去自我

人生总是会遇到不顺的情况，很多人处于不利的困境时总期待借助别人的力量改变现状。殊不知，在这个世界上，最应该依靠的人不是别人，而是你自己。为何总想着依赖别人，而不是依赖自己呢？

美国从事个性分析的专家罗伯特·菲利普有一次在办公室接待了一个因企业倒闭、负债累累而离开妻女四处为家的流浪者。那人进门打招呼说："我来这儿，是想见见这本书的作者。"说着，他从口袋中拿出一本名为《自信心》的书，那是罗伯特多年前写的。

流浪者说："一定是命运之神在昨天下午把这本书放入我的口袋中的，因为我当时决定跳入密歇根湖了此残生。我原本已经看破一切，对人生彻底绝望，认为所有的人，包括上帝在内都已经抛弃了我。但还好，我看到了这本书，它使我产生了新的看法，为我带来了勇气及希望，并陪伴我度过昨天晚上。我已下定决心，只要我能见到这本书的作者，他一定能协助我再度站起来。现在，我来了，我想知道你能替我这样的人做些什么？"

在他说话的时候，罗伯特从头到脚打量着这位流浪者，发现他眼神茫然、神态紧张。这一切显示，他已经无药可救了，但罗伯特不忍心对他这样说。因此，罗伯特请他坐下，要他把自己的故事完完整整地说出来。

听完流浪者的故事，罗伯特想了想，说："虽然我没有办法帮助你，但如果你愿意的话，我可以介绍你去见这幢大楼里的一个人，他可以帮助你赚回你所损失的钱，并且协助你东山再起。"罗伯特刚说完，流浪者立刻跳了起来，抓住他的手，说道："看在上帝的分上，请带我去见这个人。"

流浪者能提此要求，显示他心中仍然存在着一丝希望。所以，罗伯特拉着他的手，引导他来到从事个性分析的心理实验室，和他一起站在一块窗帘之前。罗伯特把窗帘拉开，露出一面高大的镜子，罗伯特指着镜子里的流浪者说："就是这个人。在这个世界上，只有一个人能够使你东山再起，除非你坐下来，彻底认识这个人，当作你从前并未认识他。否则，你只能跳到密歇根湖里。因为在你对这个人未做充分的认识之前，对你自己或这个世界来说，你都将是一个没有任何价值的废物。"

流浪者朝着镜子走了几步，用手摸摸他长满胡须的脸孔，对着镜子里的人从头到脚打量了几分钟，然后后退几步，低下头，哭泣起来。过了一会儿，罗伯特领他走出电梯间，送他离去。

几天后，罗伯特在街上碰到了这个人。他不再是一个流浪者形象，他西装革履，步伐轻快有力，头抬得高高的，原来的衰老、不安、紧张已经消失不见。他说，感谢罗伯特先生让他找回了自己，并很快找到了工作。后来，那个人真的东山再起，成为芝加哥的富翁。

人要勇敢地做自己的上帝，因为真正能够主宰自己命运的人就是自己，当你相信自己的力量之后，你的脚步就会变得轻快，你就会离成功越来越近。

从 21 世纪的竞争来看，社会对人才素质的要求是很高的，除了具备良好的身体素质和智力水平，还必须具备生存意识、竞争意识、科技意识以及创新意识。这就要求我们从现在开始注重对自己各方面能力的培养，只有使自己成为一个全面的、高素质的人，才能在未来的竞争中站稳脚跟，取得成功。

人若失去自我，是一种不幸；人若失去自主，则是人生最大的缺憾。赤橙黄绿青蓝紫，每个人都应该有自己的一片天地和特有的亮丽色彩。你应该果断、毫无顾忌地向世人展示你的能力、你的风采、你的气度、你的才智。在生活的道路上，必须自己做选择，不要总是踩着别人的脚印走，不要听凭他人摆布，而要勇敢地驾驭自己的命运，调控自己的情感，做自己的主宰，做命运的主人。

善于驾驭自我命运的人，是最幸福的人。只有摆脱了依赖，抛弃了拐杖，具有自信、能够自主的人，才能走向成功。自立自强是走入社会的第一步，是打开成功之门的钥匙，也是纵横职场的法宝，在职场中，上司不喜欢唯唯诺诺的下属，领导不喜欢没有自我、没有主见的员工，相信自己吧，你就是最棒的！

## 你是谁由你自己决定

每个人都有自己的生活方式，而决定你成为什么样的人的永远是你自己，一旦人生轨迹被别人所左右，你将被这个世界真正遗弃。

有这么一则故事，可以给职场人一些警示和启迪。

有个人想改变自己的命运，于是他跋山涉水历尽艰辛，最后在热带雨林找到一种树木，这种树木能散发一种浓郁的香气，放在水里不像别的树一样浮在水面而是沉到水底。他心想：这一定是价值连城的宝物，就满怀信心地把香木运到市场去卖，却无人问津，为此他深感苦恼。

当看到隔壁摊位上的木炭总是很快就能卖完时，他一开始还能坚持自己的判断，但时间最终让他改变了初衷，他决定将这种香木烧成炭来卖。结果很快被一抢而空，他十分高兴，迫不及待地跑回家告诉父亲。父亲听了他的话，却不由得老泪纵横。原来，儿子烧成木炭的香木正是沉香，若是切下一块磨成香粉，其价值超过一车的木炭。

其实，尘世间的每一个人，都有属于自己的"沉香"。但世人往往不懂得它的珍贵，反而对别人手中的木炭羡慕不已，最终只能让世俗的尘埃蒙蔽了双眼。

世界上充满了来自外界的"应该"的命令。社会、家庭和单位，有各种各样的"你应该是谁"和"你应该怎样做"的想法。但你身外没有一个人和你一样知道你个人的路线。他们指出的某些"应该"和你的"愿意"相称，但大多数不能。许多人会由此退回到别人所指示的所谓安全的路线上去。

然而，可能像你一样，一个有着独立精神的小人物，发现遵从比挑战更有吸引力。走权威走过的路就意味着"非常便利"，选择开辟好的道路是便利的，没有问题和挑战。但是那些接受和按照来自外在的力量的命令去做的人，要以失去他们全部热情为代价。无疑，这是一个注定要失败的交易。

有这么一个故事：

白云守端禅师有一次和他的师父杨岐方会禅师对坐，杨岐问："听说你从前的师父茶陵郁和尚大悟时说了一首偈，你还记得吗？"

"记得，记得。"白云答道，"那首偈是：'我有明珠一颗，久被尘劳关锁，一朝尘尽光生，照破山河星朵。'"语气中免不了有几分得意。

杨岐一听，大笑数声，一言不发地走了。

白云怔在当场，不知道师父为什么笑，心里很愁烦，整天都在思索师父的笑，怎么也找不出原因。

那天晚上，他辗转反侧，怎么也睡不着，第二天实在忍不住了，大清早去问师父为什么笑。

杨岐禅师笑得更开心，对着失眠而眼眶发黑的弟子说："原来你还比不上一个小丑，小丑不怕人笑，你却怕人笑。"白云听了，豁然开朗。

很多时候我们总会陷入别人对我们的评价之中，别人的语气、眼神、手势……总是会不经意搅乱我们的心，浇灭了我们往前迈步的勇气，甚至整天沉迷在白云般的愁烦中不得解脱，白白浪费了做个自由快乐的人的机会，每个人都有自己的生活方式，如果你不能为自己做主，那么你注定要被社会淘汰。

## 每个人都有自己的路

　　脸庞因为笑容而美丽，生命因为希望而精彩。倘若说笑容是对他人的布施，那么希望则是对自己的仁慈。圣严法师幼时家贫，甚至穷到连饭也吃不饱，但是几十年风风雨雨，他始终对生活充满希望。人生来平等，但所处的环境未必相同。所以，不管自己处于怎样的起点，都应该一如既往地对生活报以热情的微笑。

　　每个人都有自己的路，即使起点不同、出身不同、家境不同、遭遇不同，也可以抵达同样的顶峰，不过这个过程可能会有所差异，有的人走得轻松，有的人一路崎岖，但不论如何，艳阳高照也好，风雨兼程也罢，只要怀揣着抵达终点的希望，每个人都可以获得自己的精彩。

　　在一个偏僻遥远的山谷里的断崖上，不知何时，长出了一株小小的百合。它刚诞生的时候，长得和野草一模一样。但是，它心里知道自己并不是一株野草。它的内心深处，有一个纯洁的念头："我是一株百合，不是一株野草。唯一能证明我是百合的方法，就是开出美丽的花朵。"它努力地吸收水分和阳光，深深地扎根，直直地挺着胸膛，对附近的杂草置之不理。

　　在野草和蜂蝶的鄙夷下，百合努力地释放内心的能量。终于，它开花了。年年春天，百合努力地开花、结籽，最后，这里被称为"百合谷地"。因为这里到处是洁白的百合。

　　暂时的落后一点都不可怕，自卑的心理才是最可怕的。人生的不如意、挫折、失败对人是一种考验，是一种学习，是一种财富。我们要牢记"勤能补拙"，既能正确认识自己的不足，又能放下包袱，以最大的决心和最顽强的毅力克服这些不足，弥补这些缺陷。

在不断前进的人生中，凡是看得见未来的人，都能掌握现在，因为明天的方向他已经规划好了，知道自己的人生将走向何方。留住心中的希望种子，相信自己会有一个不可限量的未来，心存希望，任何艰难都不会成为我们的阻碍。只要怀抱希望，生命自然会充满激情与活力。

## 你就是你，没有人可以取代

有人认为，这个世界上，少了自己就如同少了一只蚂蚁。没有分量的自己，有什么重要呢？但是，独一无二的"我"，真的不重要吗？不，绝不是这样，"我"很重要。

当我们对自己说出"我很重要"这句话的时候，"我"的心灵一下子充盈了。是的，"我"很重要。

"我"是由日月星辰草木山川的精华汇聚而成的。只要计算一下我们一生吃进去多少谷物，饮下了多少清水，才凝聚成这么一具美丽的躯体，我们一定会为那数字的庞大而惊讶。世界付出了这么多才塑造了这么一个"我"，难道"我"不重要吗？

你所做的事，别人不一定能做。你之所以为你，必定是有一些相当特殊的地方，我们姑且称之为特质吧，而这些特质又是别人无法模仿的。

既然别人无法完全模仿你，也不一定做得到你能做的事，试想，他们怎么可能取代你的位置，来替你做些什么呢？所以，这时你不相信自己，又有谁可以相信？

每个人都会以独特的方式来与他人互动，进而感动别人。要是你不相信的话，不妨想想：有谁的基因会和你完全相同？有谁的个性会和你一毫不差？

由此，我们相信：你有权活在这世上，而你存在于这世上的目的，是别人无法取代的。

记住，你有充分的理由去相信自己很重要。

"我很重要。没有人能替代我，就像我不能替代别人。我很重要。"

生活就是这样的，无论是有意还是无意，我们都要发挥出对自己的信心。不要总是拿自己的短处去对比人家的长处，却忽视了自己也有人所不及的地方。自卑是心灵的腐蚀剂，自信却是心灵的发电机。所以我们无论身处何境，都不要让自卑的冰雪侵占心灵，而应燃烧自信的火炬，始终相信自己是最优秀的，这样才能调动生命的潜能，去创造无限美好的生活。

也许我们地位卑微，也许我们身份渺小，但这丝毫不意味着我们不重要。重要并不是伟大的同义词，它是心灵对生命的允诺。人们常常从成就事业的角度，断定自己是否重要。但这并不应该成为标准，只要我们在时刻努力着，为光明奋斗着，我们就是无比重要地存在着，不可替代地存在着。

让我们昂起头，对着我们这颗美丽的星球上无数的生灵，响亮地宣布：我很重要。

面对这么重要的自己，我们有什么理由不去爱自己呢！

## 愉悦自己，才是真正地爱自己

在遭遇困苦时，乐观的人总会努力想办法让自己快乐起来，让精神的伤痛远离自己。愉悦自己，才是真正地爱自己。

由于经济破产和从小落下的残疾，人生对基尔来说已索然无味了。

在一个晴朗的日子，基尔找到了牧师。牧师耐心听完了基尔的倾诉，对基尔说:"让我给你看样东西。"他向窗外指去。那是一排高大的枫树,在枫树间悬吊着一些陈旧的粗绳索。他说:"60年以前,这里的庄园主种下这些树,他在树间牵拉了许多粗绳索。对于嫩弱的幼树,这太残酷了,因为创伤是终生的。有些树面对残忍现实,能与命运抗争,而另一些树消极地诅咒命运,结果就完全不同了。眼前这棵粗壮的枫树看不出有什么疤痕,所看到的是绳索穿过树干——几乎像钻了一个洞似的,真是一个奇迹。"

"关于这些树,我想过许多。"他说,"只有体内强大的生命力才可能战胜像绳索带来的那样终生的创伤,而不是自己毁掉这宝贵的生命。对于人,有很多解忧的方法。在痛苦的时候,找个朋友倾诉,找些活干。对待不幸,要有一个清醒而客观的全面认识,尽量抛掉那些怨恨、妒忌等情感负担。有一点也许是最重要的,也是最困难的:你应尽一切努力愉悦自己,真正地爱自己。"

能否越过障碍、突破挫折困苦,乐观的人总有方法。

**1. 转移不良的情绪**

碰到不顺心的事情或在家中与亲属发生争吵,不妨暂时离开一下现场,换个环境,或者同别人去聊天,或者参加一些文体活动,娱乐一下。总之,把注意力转移到别的方面去。只有把原来的不良情绪冲淡以至赶走,才能重新恢复心情的平静和稳定。

**2. 憧憬美好未来**

只有经常憧憬美好的未来,才能始终保持奋发进取的精神状态。不管命运把自己抛向何方,都应该泰然处之。不管现实如何残酷,都应该始终相信困难即将克服,曙光就在前头,相信未来会更加美好。

**3. 忆苦思甜**

在人生的旅途中,有时荆棘丛生,有时铺满鲜花,有时忧心如焚,有时其乐融融。对此应进行精心的筛选,不能让那些悲哀、凄凉、恐惧、忧虑、彷徨的心境困扰着我们。对那些幸福、美好、快乐的往事要常常回忆，以便在心中泛起层层涟漪，激发人们去开拓未来，而对那些不愉快的事情诸多的烦恼，尽量要从头脑中抹掉，切不可让阴影笼罩心头，失去前进的动力。

**4. 积极的自我暗示**

例如对着镜子对自己说："我是最棒的！我一定会成功！"

**5. 宽待自己**

学会宽待自己是一件非常重要的事情。学会宽待自己就要允许自己犯错误，"金无足赤，人无完人"，谁能一辈子不犯错误？在总结教训之余，要安慰自己，即使是由于自身的原因导致的错误也不要对自己责备太严，要学会宽待自己，经常对自己说："过去的就让它过去吧，一切从头开始。"只有这样才能形成正确的心态，才能够乐观地生活下去。

## 不要为了讨好别人而改变自己

20世纪80年代，有位名叫安德森的模特公司经纪人，看中了一位身穿廉价服装、不拘小节、不施脂粉的大一女生。

这位女生来自美国伊利诺伊州的一个蓝领家庭，唇边长了一颗触目惊心的大黑痣。她从没看过时装杂志，没化过妆，要与她谈论时尚等话题，好比是对牛弹琴。每年夏天，她都跟随朋友一起，在玉米地里剥玉米穗，以赚取来年的学费。

安德森偏偏要将这位还带着田野玉米气息的女生介绍给经纪公司，结果遭到一次次的拒绝。有的说她粗野，有的说她恶煞，理由纷纭杂沓，归根结底是那颗唇边的大黑痣。安德森却下了决心，要把女生及黑痣捆绑着推销出去。他给女生做了一张合成照片，小心翼翼地把大黑痣隐藏在阴影里，然后拿着这张照片给客户看，客户果然满意，马上要见真人。真人一来，客户就发现"货不对版"，当即指着女生的黑痣说："你给我把这颗痣摘下来。"

激光除痣其实很简单，无痛且省时，女生却果断地拒绝了他。安德森有种奇怪的预感，他坚定不移地对女生说："你千万不要摘下这颗痣，将来你出名了，全世界就靠着这颗痣来识别你。"

果然这女生几年后红极一时，日入 2 万美元，成为天后级人物，她就是名模辛迪·克劳馥。她的嘴唇被称作芳唇，芳唇边赫然入目的是那颗今天被视为性感象征的桀骜不驯的大黑痣。正如安德森所说，痣，成了她的标志。人们将她与玛丽莲·梦露相提并论。痣，不再是她的瑕疵；痣，正是辛迪的个性所在。她成为少男少女心中的偶像，她是少女们描绘未来的楷模。

有一天，媒体竟然盛赞辛迪有前瞻性眼光。辛迪回顾从前，一次次倒抽凉气，成名路上多艰辛，幸好遇上"保痣人士"安德森。如果她摘了那颗痣，就是一个通俗的美人，顶多拍几次廉价的广告，就会淹没在繁花似锦的美女阵营里面。暑期到来，可能还要站在玉米地里继续剥玉米穗，与虫子、蜗牛为伍，以赚取来年的学费。

## 走出自卑的阴影，每个人都会超越自己

他，从一个仅有二十多万人口的北方小城考进了首都北京的大学。

他一个学期都不敢和同班的女同学说话。

因为上学的第一天，与他邻桌的女同学问他的第一句话就是："你从哪里来？"而这个问题正是他最忌讳的。因为他认为，出生于小城，就意味着小家子气，没见过世面，肯定被那些来自大城市的同学瞧不起。

所以，第一个学期结束的时候，班里的很多女同学都不认识他！

很长一段时间，自卑的阴影占据着他的心灵。最明显的体现就是每次照相，他都要下意识地戴上一个大墨镜，以掩饰自己的内心。

她，也在北京的一所大学里上学。

她不敢穿裙子，不敢上体育课。她疑心同学们会在暗地里嘲笑她，嫌她肥胖的样子太难看，大部分日子，她都在疑心、自卑中度过。

大学学习快要结束的时候，她差点儿毕不了业，不是因为功课太差，而是因为她不敢参加体育长跑测试！老师说："只要你跑了，不管多慢，都算你及格。"可她就是不跑，她想跟老师解释，她不是在抗拒，而是因为恐慌，恐惧自己肥胖的身体跑起来一定非常愚笨，一定会遭到同学们的嘲笑。可是，她连给老师解释的勇气也没有，茫然不知所措。她只能傻乎乎地跟着老师走，老师回家做饭去了，她也跟着。最后老师烦了，勉强算她及格。

后来，在一个电视晚会上，她对他说："要是那时候我们是同学，可能是永远不会说话的两个人。你会认为，人家是北京城里的姑娘，怎么会瞧得起我呢？而我则会想，人家长得那么帅，怎么会瞧得上我呢？"

他，现在是中央电视台著名节目主持人，经常对着全国几亿电视观众侃侃而谈，他主持节目给人印象最深的特点，就是从容自信。

她，现在也是中央电视台著名节目主持人，深受观众喜欢，她是完全依靠才气，而丝毫没有凭借外貌走上中央电视台主持人岗位的。

## 坚持自我，在别人说"不"的时候说"是"

有些人总是抱怨一次又一次地错失机会，就是由于他们总是在自己原本对的时候，向反对意见妥协了；在不知道自己正确与否时，只要有反对的声音，就不敢坚持自己的意见，最终错失了机遇。

哈里·盖瑞讲过一个他小时候的故事。

一天，他的老师让他站起来背诵一篇课文。当他背至某处时，响起了老师冷漠平静的声音："不对！"

他犹豫了一下，又从头开始背起。当背到相同的地方时，又是老师一声斩钉截铁的"不对"阻断了他的进程。

"下一个！"老师叫道。

哈里·盖瑞坐了下来，觉得莫名其妙。

第二个同学也被"不对"声打断了，但他继续往下背，直到背完为止。当他坐下时，得到的评语是"非常好"。

"为什么？"哈里向老师埋怨道，"我背得和他一样，你却说'不对'！"

"你为什么不说'对'并且坚持往下背呢？仅仅了解课文还不够，你必须深信你了解它。除非你胸有成竹，否则你什么都学不到。如果全世界都说'不'，你要做的就是说'是'，并证明给人看。"

在别人都说"不"的时候说"是"，说起来容易，做起来的确需要勇气。大部分人都需要其他人的附和才会坚持自己的意见，很少有人敢于坚持自己的个性。于是，大多数人都成了芸芸众生的普通人，而那些卓尔不群、不为大多数人的意见所左右的人则成为少数的成功者。

有独立意志的人会利用人人具备的常识和事实进行探究，做出合理的假设，然后得出自己的答案，并且敢于坚持。他们自己进行思考和创造，自己制订计划并付诸实施，最终获得了机遇的青睐。

如果一个人不相信自己所做的事是正确的，屈服于来自外界的意见与批评，那么，他就会错过很多成功的机会。别人的意见未必就是正确的，一个坚持自己意见的人，才能赢得机会的青睐。

永远不要消极地认为自己什么事情也做不好。首先你要认为你能，你可以，你是正确的，再去尝试、再尝试，最后你就会发现你确实是对的，并且可以做得很好。

人最可贵的品质就是在经历艰难困苦的时候坚持自我，在恶劣环境和周围的人对你说"不"的时候，坚守内心真正的想法，并持之以恒。每一次转折，都是一次机会，只要你对自己有足够的信心，你就可以在大家不看好你的情况下抓住机遇的尾巴。

在别人说"是"的时候，我们也应该对自己有清醒的认识，不能盲从，适时说"不"。在鲜花与掌声面前，我们更要坚持自我，从容应对各种诱惑，不陶醉于令人痴迷的生活，努力追求自己所热爱的事情，并时时恪守自己的原则。那么，无论周围的环境如何变化，你始终是那个离目标最近的人。

## 自尊的人更让人折服

伟大的思想巨匠卢梭，曾在他的一篇著名演讲词中，情绪高昂地诠释了自尊的力量。他说："自尊是一件宝贵的工具，是驱动一个人不断向上发展的原动力。它将全然地激励一个人体面地去追求赞美、声誉，创造成就，把他带向他人生的最高点。"

尊严是一个人灵魂的骨架，一个人一旦失去了尊严，他所剩下的就只是一副躯壳了。现实的浊流中，我们渐渐地磨掉了个性的棱角，学会了怯懦、世故和圆滑。太多的时候，是我们自己轻易丢掉了自己的尊严。而有尊严的人，会有一股让他人肃然起敬的气场，让大家不知不觉地敬佩他、聚集到他的身边。

某保险公司重要成员之一小瑞回忆起她的成功经历时说，她所卖出的数额最大的一张保单不是在她经验丰富后，也不是在觥筹交错中谈成的，而是在她第一次出门推销的时候。

星际电子是当地最大的一家合资电子企业，小瑞对这样的企业有些敬畏，不太敢进去，毕竟那是她第一次推销。犹豫很久之后她还是进去了，整个楼层只有外方经理在。

"你找谁？"他的声音很冷漠。

"是这样的，我是保险公司的业务员，这是我的名片。"小瑞双手递上名片，并没有抱多大的希望。

"推销保险？今天已经是第10个了，谢谢你，或许我会考虑，但现在我很忙。"对方的声音平淡得就像语言机器人发出的。

小瑞本来也不指望那天能卖出保险，所以毫不犹豫地说了声"对不起"就离开了。如果不是她走到楼梯拐角处下意识地回了一下头，或许她就这么走了，以后也不会有任何事情发生。

小瑞回了一下头，看见自己的名片被那个人一撕就扔进了废纸篓里，小瑞感到非常气愤。于是她转身回去，用英语对那个人说："先生，对不起，如果您不打算现在考虑买保险的话，请问我可不可以要回我的名片？"

对方微微一愣，旋即平静了下来，耸耸肩问她："为什么？"

"没有特别的原因，上面印有我的名字和职业，我想要回来。"

"对不起，小姐，你的名片让我不小心洒上墨水了，不适合再还给你了。"

"如果真的洒上墨水，也请你还给我好吗？"小瑞看了一眼废纸篓。

过了一会儿，对方仿佛有了好主意："好，这样吧，请问你们印一张名片的费用是多少？"

"5角。"小瑞有些奇怪地回答。

"好，好。"他拿出钱夹，在里面找了片刻，抽出一张1元的纸币说："小姐，真的很对不起，我没有5角零钱，这是我赔偿你名片的，可以吗？"

小瑞想夺过那1元钱，撕个稀烂，告诉他自己不稀罕他的破钱，告诉他尽管她们是做保险推销的，可也是有尊严的。但是她忍住了。

她礼貌地接过 1 元钱，然后从包里抽出一张名片给了他："先生，很对不起，我也没有 5 角的零钱，这张名片算我找给你的钱。请您看清我的职业和我的名字，这不是一个适合进废纸篓的职业，也不是一个应该进废纸篓的名字。"

说完这些，小瑞头也不回地转身走了。

没想到第二天，小瑞就接到了那个外方经理的电话，约她去他办公室。

小瑞几乎是趾高气扬地去了，打算再次和他理论一番。但是他告诉小瑞的是，他打算从她这里为全体职工购买保险。

所谓"士可杀不可辱"，尊严问题是个原则性问题，人格健全的人绝不容许别人侵犯自己的尊严。遇到这种情况，我们要毫不犹豫地选择自尊，就像例子里的小瑞一样。这种自尊能给对方一股强大的正义之气，使对方也不得不表现出尊敬。

自尊的人别人才尊敬，才愿意与你平等地交往，而卑躬屈膝的人，不但不能赢得对方的尊敬，别人也会看不起他。

自尊的人别人才尊敬。这要求我们不要觉得自己矮三分，我们如果先仰着看别人，人家当然要低着头看我们，而如果我们与对方平视，他也自然会把我们放在与他平等的位置上，而且这种自尊会帮我们赢得更多的人脉。

### 不要轻易放弃应得利益

有这样一群人，他们在工作中任劳任怨，在生活中洁身自好，各个方面都达到了社会规范的基本要求。然而，他们总是吃亏。这种现象很普遍地发生在我们身边。争取自己的利益是光明正大的事情，付出了就要拿到自己应得的回报。

在争取自己的应得利益时,有些人遭受了不公正的待遇,不仅不去据理力争,反而忍气吞声,这种逆来顺受的性格只会导致别人的再次侵害。契诃夫有一篇文章就足以说明这一点:

一天,史密斯把孩子的家庭教师尤丽娅·瓦西里耶夫娜请到他的办公室来,需要结算一下工钱。

史密斯对她说:"请坐,尤丽娅·瓦西里耶夫娜!让我们算算工钱吧。你也许要用钱,你太拘泥于礼节,自己是不肯开口的。我们和你讲妥,每月30卢布……"

"40卢布……"

"不,30……我这里有记载,我一向按30卢布付教师的工资的,你待了两个月……"

"两个月零5天……"

"整两月……我这里是这样记的。这就是说,应付你60卢布……扣除9个星期日……实际上星期日你是不和柯里雅学习的,只不过游玩……还有3个节日……"

尤丽娅·瓦西里耶夫娜骤然涨红了脸,牵动着衣襟,但一语不发。"3个节日一并扣除,应扣12卢布……柯里雅有病4天没学习……你只和瓦里雅一人学习……你牙痛3天,我妻子准你午饭后歇假……12加7得19,扣除……还剩……嗯……41卢布。对吧?"

尤丽娅·瓦西里耶夫娜两眼发红,下巴在颤抖。她咳嗽起来,擤了擤鼻涕,但一语不发!

"新年底,你打碎一个带底碟的配套茶杯,扣除2卢布……按理茶杯的价钱还高,它是传家之宝……我们的财产到处丢失!而后,由于你的疏忽,柯里雅爬树撕破礼服……扣除10卢布……女仆盗走瓦里雅皮鞋一双,也是由于你玩忽职守，你应负一切责任，你是拿工资的嘛。所以，也就是说，再扣除5卢布……1月9日你从我这里支取了9卢布……"

"我没支过！"尤里娅·瓦丽里耶夫娜啜嚅着。

"可我这里有记载！"

"呶……那就算这样，也行。"

"41减26净得15。"

尤丽娅两眼充满泪水，长而修美的小鼻子渗着汗珠，多么令人怜悯的小姑娘啊！

她用颤抖的声音说道："有一次我只从您夫人那里支取了3卢布……再没支过……"

"是吗？这么说，我这里漏记了！从15卢布再扣除……呐，这是你的钱，最可爱的姑娘，3卢布……3卢布……又3卢布……1卢布再加1卢布……请收下吧！"

史密斯把12卢布递给了她，她接过去，喃喃地说："谢谢。"

史密斯一跃而起，开始在屋内踱来踱去。

"为什么'谢谢'？"史密斯问。

"为了给钱……"

"可是我洗劫了你，鬼晓得，这是抢劫！实际上我偷了你的钱！为什么还说'谢谢'？"

"在别处，根本一文不给。"

"不给？怪啦！我和你开玩笑，对你的教训是太残酷……我要把你应得的80卢布如数付给你！呐，事先已给你装好在信封里了！你为什么不抗议？为什么沉默不语？难道生在这个世界口笨嘴拙行吗？难道可以这样软弱吗？"

史密斯请她对自己刚才所开的玩笑给予宽恕，接着把使她大为惊疑的80

卢布递给了她。

她羞怯地过了一下数，就走出去了……

对于文中女主人公的遭遇，我们能用什么词汇来形容呢？就像鲁迅先生说的一样：哀其不幸，怒其不争。生活中，如果我们无端地被单位扣了工资，我们的反应又是怎样的呢？

现在有的年轻人，害怕自己张嘴会被人否定，于是能忍则忍，慢慢养成了胆小怕事的性格，这是非常不利于自身发展的。不要害怕发表自己的意见，只要你有道理，就一定要坚持。

人活着就要学会捍卫自己的利益，该是你的就无须忍让。争取自己应得的利益，除了摆脱这种受气包的心态，还要从心理上认同"斤斤计较"并不丢脸。

## 同事争功，用不伤和气的方式捍卫自己

你是否也有这样的经历或者听说过类似的故事：一天，一位与你熟稔的同事向你提出建议，一起合作帮助上司整理历年来的开会记录资料，虽然此举会增加工作负担，却不失为一个表现的好机会，可以博取升职与加薪的机会。你对于这样的提议大表欢迎，甘愿每天加班完成额外的工作，甚至没有丝毫怨言。可是，你怎么也想不到，对方竟然把全部功劳归为己有，在上司面前邀功，结果他获得上司的提拔，使你又惊又怒。

一开始，你还不太在意，渐渐连其他同事也看不过眼，谣言开始满天飞，令你再也难以忍受这一切。

这时候如果你公开地表示不满，只会把事弄坏，给某些不怀好意的人更多挑拨离间的机会，得不偿失。

你向上司或老板投诉以表明态度也不是妙法，这样容易落下"打小报告"的恶名，人家只会以为你"争宠""妒才"，甚至是"恶人先告状"，无端留下坏印象，错上加错。

除非你打算继续坐冷板凳，蹲在角落里顾影自怜，否则，每当做完自认为圆满的工作，你都要记得向上司、同事报告，别怕人看见你的光亮；当有人来抢夺属于你的功劳时，也要坚决捍卫。

一般来说，可以选择这样的方式来捍卫自己的成果：

**1. 想法和创意提前提出**

很多时候，你在不经意间提到的想法和创意很可能被你的同事拿去用了。一旦等他们用后再和上司去说，估计就迟了。所以，一定要注意，有什么好的想法和创意，一定不要随便说出，先想好了，有了十足的把握直接去和上司谈。

**2. 用短信澄清事实**

当然，首先，写的短信不能有任何坏的影响，短信内容一定不能让对方产生不悦。写短信的主要目的是要委婉地提醒一下对方，自己当初随便提出的想法，是怎样演变到今天这个令人欣喜的样子。在短信中适当的地方，你可以写上有关的日期、标题，可以引用任何现存书面证据。

在短信的最后，要建议进行一次面对面的讨论，这是很重要的，这能让你有机会再次含蓄地加强一下你真正的意思：这主意是你想出来的。

**3. 不着急和他人夺功**

不着急和他人争功，并不是不争，而是要找准时机，恰当安排自己的语言。

在做出决定时，要考虑打这场"官司"得花费多少精力。如果你正在准备一次重要的提升，或者证明"所有权"只能使你疲惫不堪，再或者也许还会让你的上级生气，让他们纳闷你为什么不能用这个时间来做点更有意义的事情，在这些情况下，退出争夺战显然是上上之策。

面对同事争功，一定要保持冷静、仔细思考，选择一种不伤和气的方式来捍卫自己。

## 同事刁难，一味妥协不是办法

同事之间的关系非常微妙，与同事相处也是"办公室政治"中非常重要的一项内容。我们都知道，在实际工作中，我们很难同各种各样的同事都搞好关系，有时还会遇到一些根本不愿意与别人合作的同事。

遇到这种情况，首先要明白，同事不愿意与你合作也许有主观、客观上的多种原因，但不论何种原因，对方的不合作都会大大影响你的工作效率，有时甚至还会带来非常严重的损失。遇到这样的同事，我们当然要先好好地商量，尽量"和平"解决问题；但是如果妥协也解决不了问题，那就要采取一定的措施了。

**1. 消除不合作的因素**

很多时候，同事不合作不是针对某个人，而是针对某项工作，对待这样的情况，我们首先应该用实际行动帮助不合作的人消除不合作的因素。

我们应该清醒地认识到，在实际工作和生活中，要想使不合作者变为合作者，不仅仅是一个说服问题，还是一个实际行动问题，只有找到不合作的原因，在行动上帮助不合作者，消除对方不合作的因素，才能使不合作者成为合作者。

因此，消除不合作的因素是争取对方合作的最根本的方法，在日常相处中，你一定要善于发现这类同事不愿意合作的原因，然后通过自己的实际行动巧妙地消除这些因素，这样可以使你与同事更好地合作，在工作中共同奋斗、共同进步。

## 2. 欲擒故纵

欲擒故纵的本义是指为了捉住对方，故意先放开他，使其放松戒备。比喻为了更好地控制，故意先放松一步。这里用其比喻义。如果你把这种方法运用得十分巧妙，效果也是十分明显的，能使不合作者轻易地变成积极的合作者。

有时这种不合作的同事，即使你苦口婆心地劝告和说服也起不了太大作用，这时你不妨采取这种比较间接且又十分有效的方法。

## 3. 诱导对方参加你的工作

在与不合作的同事相处时，你应该千方百计地想办法诱导他参加你的工作。这是转变不合作者态度的又一重要措施。不合作者不和你合作，就是由于没有参加你的工作，如果你能巧妙地使其参加你的工作，那么，他就不会不和你合作了。

在实际工作中，与你不合作的同事也许并不是主观上持有与你不合作的态度，而是他从没有参与过同你的合作，根本不了解你的工作，不知道与你合作的意义。如果是这种情况，你应当做的就是想办法使对方加入你的工作，让其在与你一起工作的过程中，亲身感受与你合作的意义，这样，你就自然而然地得到他的合作了。

同事之间是合作的关系，强硬的态度很容易把关系搞僵，两人结下"梁子"，日后的工作会有诸多不便。所以，不到万不得已，还是不要用"强硬"的方法。

同事关系融洽，心情就会舒畅，这不但有利于做好工作，也有利于自己的身心健康。倘若关系不和，甚至有点紧张，那就没滋没味了。所以，在处理同事关系时，一定要考虑全面，从长远出发，必要时，适当做出一些让步也不是不可以的。

# 第四章
# 勇敢说「不」，你没有对不起谁

## 记住，拒绝是你的权利

对大多数人来说，说"不"是一件十分棘手的事。配偶、朋友、孩子、老板、同事总会向你提出一些要求或请你帮忙。但是如果有些事情超出了你的能力范围，而你却碍于脸面，硬着头皮答应下来，为难的却是自己。其实，你完全有权利对别人说"不"。

拒绝别人不是什么罪大恶极的事情，也不要把说"不"当成是要与人决裂。是否说"不"，应该是在衡量了自己的能力之后，做出的明确回应。虽然说"不"难免会让对方生气，但与其答应了对方却做不到，还不如表明自己拒绝的原因，相信对方也会体谅你的立场。

雪莉·茜是好莱坞第一位主持一家大制片公司的女士，她30岁就当上了著名电影公司董事长。为什么她如此年轻有为呢？主要原因是她言出必践，办事果断，懂得拒绝。

当好莱坞经理人欧文·保罗·拉札谈到雪莉时说，与她一起工作过的人，都非常敬佩她。欧文说，每当她请雪莉看一个电影脚本时，她总是立即就看，很快就给答复。不像其他的一些领导，如果给他看个脚本，即便不喜欢，也不表明态度，根本就不回话，让你傻等着。但是雪莉看了给她送去的脚本，都会有一个明确的回答，即使是当她说"不"的时候，也还是把你当成朋友来对待。这么多年以来，好莱坞作家最喜欢的人就是她。

通常情况下，如果是遇到一些不好办的事情，很多人总是以沉默来回答，事实上这种不明朗的拖延并不好，让对方感觉不到诚意。其实学会委婉的拒绝同样可以赢得周围人对你的尊敬。

如果面对别人的不合理要求，明明知道自己做不到，却又违心地答应，这样的结果既造成对方的困扰，又失去别人对你的信任。所以，说"不"没什么开不了口的，只要站得住立场且对自己有益，就请勇敢地向别人和自己说"不"吧。

## 拒绝别人的请求并不是一件丢脸的事情

"口是心非"这个成语大家一定都是再熟悉不过了，它本来的意思是说嘴里说得很好，心里想的却是另一套，指一个人心口不一、损人利己，一般用作贬义。但在有的场合中，有人的"口是心非"却是截然相反。

小丽好不容易有了一个休假，准备好好地在家休息，睡个懒觉。结果一大早就接到了闺蜜的电话，让她出去逛街。虽然她心里一万个不情愿，但是又不想驳了朋友的面子，便勉强答应了。

结果，因为小丽兴致不高，两个人逛了一会儿就觉得没了意思。闺蜜扫兴之余，也埋怨小丽："既然不想逛街，干吗答应呢，好像是我逼你出来一样。"小丽也满心委屈，觉得自己委曲求全却被人误会，感慨好人难做。

其实，像小丽这样不会说"不"的人，在生活中大有人在。为了取悦身边的人而"口是心非"地说出与自己本意相反的话语，或者为了维护别人的面子而不敢表达自己真实的想法，也让我们的生活变得越来越疲惫。

如果我们细致分析，可以发现"口是心非"有这样三种形式。

一是为自我保护，不想透露自己的想法，害怕别人看穿自己的欲望。人总是有太多的秘密，不想告诉任何人，害怕自己的事情被他人知道，于是便产生了自我保护意识，来防止被人看透内心的私欲。

二是为照顾对方，出于善心不说真心话，怕对方为自己费心。原来可能是出于好意，但往往演变成阻碍坦白沟通，制造更大的误会。这种形式多发生在亲人或情侣之间。

三是心存介意，表面说尽反话，表现友好和善。甚至为人着想，表示大方不计较，可内里的潜台词却明显相反，心存算计，或对事情对别人早已有负面判断。明明心里不悦，却说没事别多心，明明想得到奉承，却说无所谓不介意。

心里有怨恨却不说，还想表现得很大方很大度，使不满积压在心里，让自己更感到吃亏、愤怒，觉得自己是受害者，好人没好报，不被重视。这种"伪善"的和平更容易积怨，形成自我怜悯、心胸狭窄的"怨妇"心理。

千万别小看这种"口不对心"，它压抑人的真实想法、欲望和意愿。因为无法释放自己，造成心理压抑，久郁成疾，累积成怨气、嫉妒、愤怒、抑郁或其他负面情绪。在被揭破或压抑不住，情绪反弹时，更容易恼羞成怒，失控爆发，歇斯底里。有一个寓言故事正好说明这一点。

在撒哈拉大沙漠中，风沙刮起来是很要人命的。主人和骆驼在沙漠的中心等待风暴过去。

到了晚上，沙漠的温度降低了，骆驼把头伸进帐篷里，可怜兮兮地对主人说："外面太冷了，让我把头伸进来取取暖吧！"，主人同意了。又过了一会儿，骆驼又说："主人，我的肩膀也很冷，让我再进来一点儿吧！"主人见他可怜，就又同意了。结果，骆驼的要求越来越无理，最后用力一挤，庞大的身躯整个挤进了帐篷。结果，帐篷撕碎了，主人和骆驼都被淹没在风沙之下。

虽然这是个很短的寓言故事，却告诉了我们一个道理：善良并不是无原则的退让，你自己都不会捍卫自己的权利，就别怪别人没有考虑你的感受。

学会用正确的方式表达自己，是平衡心理的重要一环。能真诚、自如地表达自己的人，心境豁达，少有郁结，平易近人。坦诚才是最自由、舒服的表达方式，别让面子把自己变得虚伪和讨厌。

因而，在必要的时候我们一定要学会拒绝。然而拒绝的话却不容易说出口。阻碍我们说"不"的原因，就是因为我们碍于面子，张不开这个嘴。

如果你请求别人的帮助，而你立刻就遭到了明确的拒绝，你会有什么感觉？对许多人来说，拒绝别人是一件很难办的事情。当别人对你提出要求时，你肯定不好意思开口就说"不"，因为这样很可能会伤害对方的感情，造成两个人关系的疏远，还会让双方都丢面子。

但每个人的能力都是有限的，如果对方求你帮忙的事情的确超出你能力之外，就一定要学会用正确的方法表示你的拒绝。否则，即使你在答应的时候，暂时赢得了对方的感谢，也会在事情没有解决的时候，给自己和对方带来更大的麻烦，结果害人又害己。

如果你认为口头式的拒绝过于直接，那么也不妨采用书信来表达，或者提出一些折中的解决方案。最重要的是能清清楚楚地将不能答应的原因说明，以消除对方可能产生的误解，相信你真诚的态度一定能获得对方的理解。如果对方真的因为你的合理拒绝而暴跳如雷，那这样的朋友留与不留又有什么要紧呢？

## 不要硬撑着，该说"不"时就说"不"

生活中有很多愚笨的人，由于某种原因磨不开面子，明明知道是自己很难办到的事，硬是撑着，结果使自己受累，对方也往往会感到尴尬，得个费力不讨好的结局。

让我们读读下面的故事，或许对你有一些启发。

阿杰刚参加工作不久，他的姑妈来到这个城市看望他。他陪着姑妈把这个小城转了转，就到了吃饭的时间。

阿杰身上只有50元钱，这已是他所能拿出招待对他很好的姑妈的全部资金。他很想找个小餐馆随便吃一点，可姑妈却偏偏相中了一家很体面的餐厅。阿杰没办法，只得硬着头皮随她走了进去。

两人坐下来后，姑妈开始点菜。当她征询阿杰的意见时，阿杰只是含混地说："随便，随便。"此时，他的心中七上八下，放在衣袋中的手紧紧抓着那仅有的50元钱。这钱显然是不够的，怎么办？

可是姑妈一点也没注意到阿杰的不安，她不住口地夸赞着可口的饭菜，阿杰却什么味道都没吃出来。

最后的时刻终于来了，彬彬有礼的侍者拿来了账单，径直向阿杰走来。阿杰张开嘴，却什么也没说出来。

姑妈温和地笑了。她拿过账单，把钱给了侍者，然后盯着阿杰说："小伙子，我知道你的感觉。我一直在等你说'不'，可是你为什么不说呢？要知道，有些时候一定要勇敢坚决地把这个字说出来，这是最好的选择。我来这家餐厅，就是想要让你知道这个道理。"

这一课对所有的青年人都很重要：在你力不能及的时候要勇敢地把"不"说出来，否则你将陷入更加难堪受累的境地。

一位曾助人为乐的人感慨道："能帮上忙我很快乐，但是我也不想因帮忙而得到不尊重的态度。有一回午夜时分，一个陌生的太太说要将她的三个孩子送来我家，且要我负责伙食、接送上下学和讲床边故事。另一回，也是带人家的小孩，小孩的父亲怪我的伙食不行，还说我没教孩子英文、珠算、数学！还有一回，人家托我带孩子，说好晚间八点准时到，结果我等到十二点还没到！打电话去问，说是"误会"，就不了了之了。上班时，会计小姐在年度结算，托我帮忙，我算得头昏脑涨，那小姐喝茶快活去了。最后，她还怪我太慢，害她被老板骂。"

做人应该懂得保护自己，该推脱的必须推脱。不要凡事都往自己身上揽，这样别人才会重视你，尊重你。一味地好心，不只加重了别人的依赖，也加重了自己的负担，导致自己生活得很累。

## 说"不"，没你想象得那么可怕

很多人在面对别人的时候，不敢拒绝对方，总是担心拒绝别人会导致一些问题的出现，事实上，往往这些担心都是多余的，比如：

如果拒绝了对方，别人会觉得我很自私；

如果拒绝了对方，别人会和我疏远；

如果拒绝了对方，别人将不再与我来往；

……

然而，真的是这样吗？其实不然，这些场景在多数情况下都没有真实地发生，而只是发生在你的头脑里。正是因为幻想出来的这些可怕场景，让你不敢对别人说"不"，哪怕是非常过分的要求。但是这些压抑的情绪并不会自己消失，一旦被别人察觉到，不仅不会得到别人的感激，没准还会招来怨恨。

结果，自以为的忍让，不仅让自己痛苦不堪，而同时答应别人的事情，也没有能够很好地完成，换来的只有自己的痛苦。殊不知，敢于拒绝别人，才是真正的无私；敢于拒绝别人，才能够换来真正的健康、良好的人际关系。

在职场也是如此，很多人不敢拒绝领导和同事，也是出于一些似是而非的理由：

如果我拒绝了领导，会因此而触犯他；

如果我拒绝了领导，会失去晋升的机会；

如果我拒绝了同事，会损害我的人际关系；

如果我拒绝了同事，会让别人觉得我没有团队意识；

……

事实上并非如此。在职场中，任何一个人的加薪或者升职一定不是因为他做的事情多，一定不是因为他总是在帮助别人，也不是因为他从不拒绝领导。在职场中，如果遇到了以下的三种状况，你最好拒绝对方，这样对你、对对方都是负责任的表现：

第一，被安排超出了工作范围以外的事务；

第二，被安排超过了自己能力范围以外的工作；

第三，让自己或者自己的团体的利益受损。

面对这样的状况，如果你也不敢拒绝对方，那么你在职场的前途就堪忧了。没有领导喜欢看到自己的下属总是在处理职责以外的事情，没有领导喜欢看到自己的下属做一些让团队利益受损的事情，更没有人希望看到你答应的事情却无力办到。所以说，面对这样的状况，绝对不能够忍气吞声。

小王大学毕业之后，进入一家公司工作，因为是新人，所以常常被交办很多额外的事务，小王也都尽量很好地做完了。他的英语很好，公司有很多标书翻译的工作，因为专职的翻译常常会出差，或者找理由推脱，所以公司同事遇到翻译的事情，都找小王。小王心里慢慢地也产生了不满情绪，也会找机会推脱了。

小王本以为多做些事情能够换来一些好的结果，但是公司的加薪计划中却没有小王的名字。小王也明白了这些杂务做得再多，也不能换来领导心中的良好印象。

事实上，小王遇到的情况很多职场新人都会遇到，本以为能够靠多做事来赢得领导的信任，最终却适得其反。小王做了翻译的事情，或许翻译觉得他多管闲事；同事虽然被帮忙了，但是也会觉得他在逞能；至于领导，也会更加看重他分内工作的完成状况。所以，这些杂务并没有让小王获得好的成果。

小美的遭遇更加让人同情。她从小都受到很好的家教，进入职场之后，遇到了再大的不公平都不会提出抗议，所以尽管她上班连桌椅都没有，她也因为自己是新人而接受现实，她的组长总是让她加班，很多时候都加班到很晚，甚至连周六周日都要加班，这样的状况一直坚持了三个月，试用期到期之后，组长对她说："你对工作还不够熟悉，所以你还需要再试用，暂时还不能够转正。"

小美一直认为是自己工作不够努力，一直在尽心尽力地勤奋工作。但是她转正的事情一直也没有定论。直到过了大半年之后，同事才跟她说，因为她处在试用期，所以组长就能够以带她的名义加班了，这样能够得到不菲的加班费。

就是因为小美一直忍让，所以才会被得寸进尺地要求加班。试想，如果一开始，小美就提出抗议而拒绝这样的无理由加班，那么或许组长看到从她这里不能够拿到好处，她早就按照公司规定转正了。

从这些例子中也可以看出，说"不"未必会带来什么严重的后果，但是不会说"不"，却总是会为你带来烦恼。在职场上，如果你总是想回避冲突，不敢据理力争，就会被别人看扁，从而得寸进尺。所以，在面对不合理要求的时候，勇敢地对对方说："对不起，这样不行！"

## 力不从心时要大胆说"不"

在日常生活中，很多人都有这样的遭遇：有些时候，当我们面对别人的要求感到力不从心想拒绝，即使心里很不乐意帮对方做那些事，但是碍于一时的情面，却勉强点头答应。虽避免了一时的烦恼，却给自己留下长久的不快。

"盛年不重来，一日难再晨。"人生的短暂，超乎你的想象。要想在短暂的一生中，过得开心、快乐、满足，我们必须懂得熟练应用一些生活技术，除像洗衣、做饭、工作这些基本技能以外，学会如何拒绝也是一门必要的学问。掌握了精通拒绝的技术，你就会给自己的生活减少很多麻烦，相比较于那些不会拒绝的人来说，你会使自己过得更快乐、安稳。所以，我们如果能精通拒绝的技术，对我们的生活至关重要，这样不仅有利于提高我们的工作效率，更能提高我们的生活质量。

班超是东汉时期著名的军事家和外交家。在汉明帝时期，他曾被派遣出使西域。班超在西域前后生活了30年，为平定西域，促进民族融合作出了巨大贡献。

当时，在西域已经住了27年的班超，年近70岁，加上身体越来越差，对自己的职务感到力不从心，很想回家休养。于是就写了封信，叫他的儿子寄回汉朝，请和帝把他调回来，可是班超一直没有接到答复。所以，他的妹妹班昭也上了一份奏折，请求把哥哥调回玉门关以内。

班昭的奏折中这样说道："班超在和他一起去西域的人当中，年龄最大，现在已经过了花甲之年，体弱多病，头发斑白，两手不太灵活，耳朵也听不清楚，眼睛不再像以前明亮，要撑着手杖才能走路。如果有突然的暴乱发生，恐怕班超也不能顺着心里的意愿替国家卖力。这样一来，对上会损害国家治理边疆的成果，对下会破坏忠臣好不容易立下的功劳，这多么让人痛心啊！"

汉和帝看到这份奏折后深受感动，于是就把班超从西域召了回来，让他在洛阳安度晚年。班超回来后，由于旧病复发，不久就因为胸肋病加重而去世，享年71岁。试想如果班超不是在自己力不从心的时候，大胆向当权的最高统治者说"不"，那么等待他的就必然是客死他乡的结局。

很多人不敢拒绝对方，都是因为感到不好意思。因为自己的不敢据实言明，致使对方摸不清自己的意思，而产生许多误会。如果你语言模糊地应付说，这件事似乎很难做得到吧！因为你的模棱两可，别人很难听出你语言中拒绝的含义，自然依照自己的意愿来理解你的"言外之意"——同意。你答应别人的事情，如果没有做好，最终会落得个失信于人的下场。

其实拒绝是一件很正常的事，因为别人的很多要求如果我们照着去履行，就会给自己造成难以承受的麻烦。这个时候告诉别人你的难处不是在诉苦，而是在陈述事实。如果事情合情合理，说出来才是正确的，如果不说，别人才不会理解呢。

直截了当地告诉对方你不能完成委托的现实原因，明白无误地陈述一些客观情况，包括自己的真实状况不允许、能力范围限制、社会条件限制等。一般来说，列举的这些状况必须是对方也能认同、理解的，只有这样，对方才能理解你的苦衷，自然会自动放弃说服你，不把你的拒绝当成是无道理的推脱。

有人喜欢你直截了当地告诉他拒绝的理由；有人则需要以含蓄委婉的方法拒绝，各有不同。如果我们面对的是不好正面拒绝的情况，我们就不要继续采取直接分析法，而是采取迂回、转移的方法来解决问题。

当对方提出要求时，你暂不给予对方答复，也就是说，当面对力不从心的要求时，虽然你没有当面拒绝，但是你也迟迟没有答应，只是一再表示要研究研究或考虑考虑，那么聪明人马上就能了解你是不太愿意答应的，自然而然危机就解除了。

面对对方那些力不从心、我们又不方便直接拒绝的请求，我们在转移话题、陈述各种理由的时候，最主要的是善于利用语气的转折——温和而坚持——绝不会答应，但也不致撕破脸。举个现实中的例子，朋友小张因为结婚要向你借钱，但是你最近也是经济紧张，这种情况你直接拒绝的话，会显得过于冷漠，但是如果你先向对方表示祝贺，继而给予赞美，并对他所面临的情况深表同情，然后再提出理由，加以拒绝。由于先前对方在心理上已因为你的祝贺、理解和同情使两人的距离拉近，所以对于你的拒绝也较能以"可以体会"的态度接受。

总而言之，面对生活中的种种问题，你都要大胆地说出"不"字，尽管这个不是一个容易的课题，但是在你的日常生活中是相当重要。

其实，有能力帮助他人不是一件坏事，当别人拜托你为他分担事情的时候，表示他对你的信任，只是自己由于某些理由无法相助罢了。但无论如何，仍要以谦虚的态度，别急着拒绝对方，仔细听完对方的要求后，如果真的没法帮忙，也别忘了说声"非常抱歉"。

## 向干涉自己生活的人说"不"

能在生活中有资格对我们评头论足，进行种种干涉，也许是家人的特权。虽说血浓于水，但是和亲人之间的冲突却是伴随我们从小到大。

小许是一个刚刚工作两年的年轻人，他和父母一起住。表面上看他有学历、有工作，家庭也不错，可是他却有着不为人知的烦恼：

我从小学到大学，父亲都会到老师办公室央求班主任多照顾我。现在我已经工作了，他就跑到单位去和领导讲同样的话，还经常是当着我的面。过去上学的时候，有同学一说"你爸又来了"，我就觉得很没面子。现在面对的都是同事，简直无地自容，因为这让别人觉得我是不是哪里有毛病，必须得家长出面。现在我都20多岁了，其实身边连一个知心朋友也没有，业余时间没有人跟我一起玩，我干什么都只能独来独往。就是因为大家觉得我太特殊了，谁也不想跟我走得太近。每次和父母谈这个事的时候，他们还一脸无辜，说"这都是为了你好"。这一句"这都是为了你好"似乎能成为父母无下限、无理由干涉子女生活的全部理由，可是现在看看我是什么样子？这真的是为了我好吗？他们到底想干什么？

　　我们都有这样的经历：从小到大什么都是父母安排，什么事都要完全按照父母的意愿。我们不想让父母伤心，可是又不愿意听从他们的安排做自己不喜欢的事情，谈判也没用，争吵也没用，似乎就得一方迁就一方，一方用自己的牺牲来屈就对方而已。

　　应该要怎么办，才能摆脱父母的干涉呢？对每对父母来说，干涉的产生，往往是因为太强烈的爱父母，希望能够把自己最好的经验总结给孩子，这样孩子就不会走弯路，也不会受到伤害，人生就能直达理想。然而，这只不过是父母的美好愿望，和所有过于理想的愿望一样，它们都带有太多不现实的色彩。因为如果想要真正成熟起来，我们必须经历伤痛，并培养出从伤痛中走出来的能力，这样才可以看见雨后的彩虹，领悟人生的真谛。而永远不受伤害几乎是不可能的，这样的人只能永远是一个婴孩。

　　为了父母的好心就允许不加限制的干涉，这真的是正确的吗？表面上看，这可以换来父母的满意，但是时间长了，每个人的反抗意识只会愈加强烈，早晚会爆发更严重的冲突。就算是毫无反抗意识完全依赖父母的人，也会因为缺乏实践锻炼的能力成为一个"废人"，这样的人也不可能在以后的生活中独立而成功，最后还是会成为父母的心病。只有真的成长起来，成为一个能够通过自己的努力把自己的生活过好的人，就算在选择的最初和父母会发生冲突，但是长远来看也是正常和值得的。

曾经有一个北大的毕业生，没有按照父母的期望成为一个高级白领，而是毅然决然地回家养猪创业。父母当时都反对他回家养猪，认为自己花了这么多年辛辛苦苦培养出一个北大毕业生，现在却干起农民才干的事情，这简直就是上天和他们开的一个玩笑。但是这个大学毕业生力排众议，坚持不懈地努力，结果成了当地市场最成功的养猪专业户。他的收入比当白领高出好几倍。当看到他的成绩的时候，当安享着儿子给自己带来的富裕生活的时候，父母便欣然接受并且觉得自豪了。

当亲人干涉我们的生活和选择的时候，争论是无效的，最好的方式是用实际行动去努力和争取，做出成绩和结果来，等到那一天，家人的态度自然会转变。所以，一切只能靠自己的实力来证明，只有自身强大了，说话才会有分量，这在很多地方都是通用的。

另外一个会遭遇到干涉情况的就来源于我们的恋人了。

甜甜说：我的男朋友人很好，对我也很关心，基本各个方面都比较符合我的要求。于是我们确定了恋爱关系。可是随着了解的加深，他的缺点就开始显现。他是一个控制欲极强、自大、自私、大男子主义的人。这让我觉得非常不舒服。一开始他对我的衣着进行评价，强烈要求我要按照他的标准来打扮。开始的时候我也听了，觉得这是他在乎我的表现。可是他接下来的一些行为让我觉得他根本就不尊重我，我的事情在他的眼里都很不重要，我的感觉也似乎不值一提。比如我正在和朋友一起聚会，他就要我立刻回去，丝毫不顾及我的处境。有个出差去外地的好机会，可以让我得到锻炼和业绩的提升，但是他也不允许。这些我都迁就了，但是却发现越迁就问题越严重，他似乎觉得我很好欺负，变本加厉，我是不是该考虑分手呢？

我们每一个人，都是一个独立的个体，都有自己独一无二的生活方式，任何人没有资格，更没有权利去干涉。甜甜正是因为在别人干涉自己、侵犯自己利益的时候没有引起足够的警觉，一味地退让，反而让那些控制成瘾的人得寸进尺，对自己的生活和工作造成了严重的干扰。显然她不应该再拖下去了，果断地分手才是上策。如果她能早一些认识到问题的严重性，早些和对方划清界限，承认自己看错了人，也就不会失去那么多东西了。

当然，遵从自己内心的感受，才能活得自在、惬意一些。我们每个人都有自己独一无二的阅历，这造就了独一无二的我们，进而产生了我们独一无二的生活方式。但是我们并不能因此想当然地以为自己对这个世界的理解才是正确的，只是因为在我们自己的世界观里而已。我们每个人因为从小的生活环境不同，周围的人不同，以及成长过程中各种因素的作用，都会形成独特的生活方式和观念，大家可能或多或少地有相似之处，但是不同的地方不要妄想对方完全地去适应你，为你改变。比如一起生活的夫妻，一个人的生活方式是下班以后以出去逛街、唱歌等方式和朋友聚聚，而另一个人的生活方式是下班直接回家做饭，这就是不同。

我们不能期望和要求别人都要像我们的人生知己一样来了解和理解我们，但我们也应该拒绝那些借各种理由在我们波澜不惊的日子里无事生非，打着关心我们、爱我们的幌子来带给我们诸多的不快和困扰。

不是阅历丰富就有指点别人人生的权力。别人有提建议的权利，我们自己要掌握做决定的权利。我们不能堵住别人的嘴，却可以掌控自己的脑和心。

## 向靠得太近的下属说"不"

很多人认为管理者跟下属打成一片是与下属最好的相处之道，这样做固然会在人际关系中处于优势，但是，却也带来了一些负面影响，在必要的时候我们却很难向下属说"不"。随着你与下属关系的亲近，下属在平时的工作中更容易替你着想，这样在无形中促使他尽力把事情做好，省去了一些催促、解释的麻烦。而当我们与下属距离过远时，难免给下属造成你总是高高在上的感觉，这样会造成你对下属的约束力和感召力都不会太强。最终，当我们向下属下达指令时，下属只是迫于上级的压力来做这件事，但是，他们的执行力却远远达不到你想要的要求。

孔子说："临之以庄，则敬。"意思是说，威严地对待别人，就会得到对方的尊敬。领导者和下属的关系始终是一种工作的上下级关系，所以总要保持一定的距离才能发挥领导的职能。

遗憾的是有些管理者不善于调整距离，与下属交往有失分寸，这便犯了大忌。没有了距离就没有了威严。如果一个领导整天和下级哥们义气一般地你来我往，往往在涉及原则的时候就会碍于情面不好意思执行，但是这个时候就会形成对下属的纵容，长此以往必出大乱子。

李先生和李太太共同创业多年，支撑起了一个企业。李先生一直对一个他认为非常"优秀、有潜质"的中层管理者小王非常看好。小王今年只有24岁，他来到企业有大半年的时间，事事亲力亲为，经常给李先生提出一些建设性的点子，对公司忠心耿耿。李先生已经把采购、人事这些职务都交托给他了，最近想把财务也交给他。

可是李太太却对小王有着不同的看法。李太太发现和这个年轻人沟通起来很累，因为他非常固执，很难听进去别人的意见。李太太觉得老公太宠这个员工，有偏袒及纵容的倾向，觉得李先生对小王表现出的傲气视而不见。

终于有一天，小王因为自作主张而导致一个重要客户的流失，使公司前期做的大量工作付诸东流。过往创业的成功让李先生太迷信自己的经验，认为只有靠和员工亲密才能凝聚起一个团队。可是，当核心工作从开创转变为管理的时候，亲密度必须有所下降才可以。关心员工是没错，但如果没有限制地越走越近，当哪一次不能满足下属的需要时，关系就会急速恶化。

所以说在企业管理中，管理者与员工距离太远，则无法施加影响力；和员工距离太近又容易丧失原则，不利于企业管理。因此，一个成功的管理者一定要与下属保持适当的距离。

其实，最好的管理者都是一座孤岛，能够跟下属保持恰当的距离。这座孤岛是一座只能与其他岛相通，但不能与其他岛相连的孤岛。因为它一旦与其他岛相连，这座岛就会失去它自身的独立性，容易受各色人等左右。

作为一名管理者，同人类所有的属性一样，如果我们想得到一些东西，就注定要舍弃一些东西。"冷酷无情"有时候是一个管理者必备的素质。"保持一定距离"是法国总统戴高乐的座右铭。戴高乐对待自己身边的顾问和参谋们始终恪守这一原则。在他任总统的十多年里，他的总秘书处、办公厅和私人参谋部等顾问及智囊团，很少有人工作年限超过两年，何以如此？

在他看来，调动是正常的，不调动是不正常的。因为，只有调动，才能保持一定的距离，而唯有"保持一定距离"，才能保证顾问和参谋们的思维和决断充满朝气，也可以杜绝年长日久的顾问和参谋们利用总统和政府的名义来营私舞弊的恶果。戴高乐不愧有先见之明。

虽然戴高乐的做法似乎有些太不近人情，但是他自己也一定曾经忍受着很多常人无法想象的孤独。为了营造一个公平干净的环境，他牺牲了很多与人亲近的关系，但是却换来了集体强大的工作效率。

跟随自己时间久了的老部下，相互之间彼此了解并随随便便，这有时会导致下属在做事的时候自作主张，耽误大事。自己偏爱的、有专长的下属可能因为你的过度赏识而有恃无恐，出了事也等你出面包庇。身处管理层，作为领导者，其职责就是领导集体取得工作上的成绩，如果一个领导失去了公正和公平，对某几个下属过于亲近，就会不自觉地疏远其他人，那么他所得到的信息将是片面的，而且也会招来其他人的猜疑，认为领导必然偏向自己喜欢的那几个身边人，长此以往，团队的工作积极性就会受到影响，导致矛盾的激化。

关系过分密切，就容易流于庸俗。凡是成功的上级都应该注意与下属"保持距离"。还是那句话，你作为一名管理者，注定只能是一座孤岛，在近与远的边沿寻找自己恰当的位置，做到既不与下属过从甚密，也不与下属距离太远。

所以，每个管理者都要学会忍受孤独，保持独来独往的风格，向那些离我们距离太近的下属说"不"。

## 向自己不喜欢的疯狂追求者说"不"

我们每一个人都有爱的权利，更有选择爱的权利，进而就有拒绝那些疯狂追求者的权利。

一些人面对着自己不喜欢的追求却不知道怎么拒绝，原因是他们太善良，不忍心对着为了自己付出了很多的人说出那个残忍的"不"字，但是如果就这样假装自己被感动而勉强和对方在一起的话，只会是对自己更大的折磨。试想谁能坚持每天假装喜欢一个人呢？等到实在受不了再说分手的时候，那无疑会让自己更加难受，也会给对方造成更大的痛苦，他可能会认为你残忍、无情，欺骗了自己的感情。所以长痛不如短痛，我们想要自己活得快乐有时候就难免得让一些人失望了。

有很多既漂亮又聪明的女孩，虽然身边充斥着疯狂追求者，但是她们却没有那么多烦恼，因为她们总能知道如何运用拒绝的方法。她们不会当面直接拒绝这些疯狂追求者，而是与他们非常融洽地相处，也让那些疯狂追求者明白一个前提，那就是他们之间只能当朋友，不会发展为恋人关系。

如果你说你有男朋友了，有些追求者是不会死心的，但是如果你说你已经结婚了，那些追求者就会打退堂鼓。但是，还是有一些因为疯狂追求而酿成惨剧的案例，依然让我们触目惊心。

2012年2月24日，网络上曝光了一件事，人们在震惊的同时，又不禁扼腕叹息。

合肥女中学生周某因拒绝同学陶某的求爱，竟被陶某用打火机点油烧伤毁容。

2011年9月17日晚，因多次追求周某不成，陶某来到周某家中，将事先准备的灌在雪碧瓶中的打火机燃油泼在她身上并点燃，致其面部、颈部等多处烧伤。惨剧发生后，周某在接受安徽媒体采访时表示，在校期间，陶对其进行追求，但她一直不愿意，陶以逼迫、威胁等手段要周跟他在一起，她跟老师与家长反映都没有任何效果。

看到此时惨遭毁容的可怜女孩周某，人们惊讶于到底是什么样的深仇大恨，陶某要这样对待一个跟自己同龄的花季少女。当真相曝光之时，不禁让人大跌眼镜。人们在谴责陶某的同时，也开始反思如何避免类似悲剧的再次发生。

是啊，这样的一位花季少女，正值人生最美丽的时刻，还有大好的青春等待她去享受、去挥霍，正是在这样一个人生最美丽的季节，自己的花容月貌却被疯狂的、变态的追求者毁坏。就算再去追求肇事者的责任，可对周某来说已于事无补，生命似乎已经看不到曙光。多大的惩处也不能减轻她现在的一丝痛苦。

在日常生活中，我们也许会遇到这样的疯狂追求者：他会经常去你所在的教室骚扰你，在你通过走廊的时候趁机拦截，甚至夸张到一路紧追至女厕所，他还会每天都给你写一封情书，通过别人打听到你家的电话号码，有事没事就打电话到你家里去，恐怖的是，他还会跟踪你回家，从而知道你的家庭住址。

那么，我们究竟该怎么做，才能在拒绝疯狂追求者的同时还不受伤害呢？由于女性一般都心思细腻，所以她们在拒绝追求者的求爱的时候，往往不会直接拒绝，觉得那样容易伤害对方。而一旦你态度不坚决，心软了，一切就前功尽弃了，甚至让他觉得你是在给他机会，进而以为你喜欢他。

对那些普通追求者而言，女同胞可通过一些暗示行为和语言，或通过第三方来拒绝。但是，对那些较为执着的追求者而言，这些暗示一般很难产生预想的效果，这时候，你就应该明示来打消异性追求的念头，阻止追求行动。

但是，很多事情往往不会朝着你期待的方向发展，比如一些女生收了追求者的花后丢掉，以为这就是拒绝，但对方反而会认为收了是愿意给他机会。当明示和暗示都无效时，你一定要尽量回避对方，万一不得已接触，也一定要在公共场合。就算是约对方讲清楚，也要约在公共场所，最好找朋友陪同，这样可多一重人身保障。

如果还是没有效果，你就坚持不跟他讲话，他给你写的情书也不要回，他向你家里打电话也不要接，如果他路上追截你，你也无视他。如果他甚至疯狂到让朋友告诉你他发生了意外，想要见你一面，你也一概不能心软。这样，随着时间的推移，那个疯狂的追求者就会放弃了。有时候，由于工作的关系，我们会与形形色色的客户打交道，而有的客户就会打着合作的旗号，对你展开追求。

如果有个客户疯狂地追求你，每天都拿着一束花浪漫地在公司门口等你，看到你从公司下班出来，就殷勤地献上早已经准备好的鲜花。即使你斩钉截铁地当面拒绝该客户的追求，但疯狂的追求者之所以叫"疯狂"，就在于他不会因尊重对方的意愿而适时结束，而是死缠烂打，永不妥协。如果你通过自己的说辞无法让这位疯狂追求者放弃，那么你可以试试打听追求者的家庭，要求追求者的父母禁止他对自己的骚扰。

即使这样，追求者还是隔三岔五地出现在你公司门口，令你不堪其扰的话，那你只能做出最后一个选择，下决心辞了自己的工作，让追求者无法再找到自己。面对疯狂求爱，其实还有一种最简单而又可行的办法，那就是我们刚开始谈到的，可以编造一个美丽的谎言来拒爱，比如"我结婚了，你不知道吗？"

为了自己的幸福，要懂得对不喜欢的人的疯狂求爱说不，虽然这会带来一些不快，但是也姑且把这看作是捍卫自己的幸福所必须付出的代价吧。

## 学会对朋友义气说"不"

卡耐基曾经说过："和别人相处要学的第一件事，就是对于他们寻求快乐的特别方式不要加以干涉，如果这些方式并没有强烈地妨碍我们的话。"

的确，朋友之间，难免相互帮忙，也正因为如此，我们之间的联系会那么紧密。但是，这种帮忙总是要在合理的道德范围内，如果朋友相托相求的事情常常超出原则范围和客观事实，甚至超过你的主观承受能力，违背自己的主观意愿时，你不能因为所谓的"义气"，违心帮助他人，而是要斩钉截铁地拒绝。否则，不仅会害了自己，还会连累亲人。

2011年11月30日，安徽阜阳付某开了一家小商店。为了吸引人气，付某还特地购买了一张麻将机摆在商店里，供客人玩。因为刚开业，很多老乡、朋友都过来捧场，平时商店里也是热闹红火。老乡、朋友聚在一起多了，玩麻将玩了一个多星期后，就利用付某的这张麻将机玩起了牌九。

付某知道在自己的店里赌博是违法的事情，就想上去制止，但一伙朋友、老乡都说赌得很小的，没关系的。付某看朋友、老乡都是过来给自己捧场的，也就不好意思继续开口阻止了。自从玩起了牌九后，赌注就止不住地从刚开始的一元钱迅速飙升到几十元钱。随后的几天里，来玩牌九的人越来越多，押注也越来越大，付某也开始越来越担心这样下去肯定会出什么事情。

但碍于朋友面子，付某始终没能鼓起勇气跟这伙朋友、老乡说"不"，没有果断地去阻止他们。再加上每次庄家赢了钱后，都会分些钱给付某，付某也就彻底"豁"出去了。随着来玩牌九的人数不断增多，付某的商店里也开始从原先的一天一场变到了后来的一天三场，上午、下午和晚上各一场，每天分分庄家赢来的钱都能分到数百元。

当地公安分局获知付某的商店内有赌博行为后，于近日对该窝点进行了围捕，现场抓获涉嫌赌博的违法人员20多人，并予以了治安处罚。而付某因为涉嫌开设赌场罪，于当日被当地警方依法刑事拘留。付某因为碍于朋友面子，不好意思跟朋友说"不"，将自己送入了牢房。朋友之交在于"义气"，但讲"义气"也是有原则和前提的。

如果这"义气"是行侠仗义、弘扬正气，那这"义气"二字就坦坦荡荡。但如果被"义气"二字所利用，什么事都不好意思跟朋友说"不"字，搭上了违法犯罪的事情，那讲的就不是"义气"，而是狼狈为奸了。

发现违法犯罪行为，应该敢说"不"，并向公安机关报警，因为大是大非的问题已经超过了友谊的范畴。当然，如果是一般朋友向我们提出不合自己的心意的要求，我们拒绝对方不是一件难事。但是，当关系很密切的好朋友向你提出过分的要求，而你又无法满足对方时，你就会感到左右为难，处在一个进退维谷的尴尬境地。这时候，你需要对"症"拒绝，情况不同，方法也就不同。

小雪和晓惠是多年的好朋友，大学毕业后，小雪在一家很有威望的大企业人事部门就职，而晓惠一直没有找到称心如意的工作。这天，当晓惠跟小雪聊天时，小雪说他们公司现在正在招人，而且待遇还不错。晓惠想去试试，让小雪跟人事总监说一下。基于两人关系的要好程度，帮忙也在情理之中。

但是，小雪只是人事部的一般干部，实在是力不从心，便对晓惠如实说道："我虽在人事部门工作，但人微言轻。加之现在的人事决定权主要看任职部门主管的意见，我最大努力也就是能让你过来面试，其他的忙帮不上了。"

就像小雪一样，对于好朋友提出的请求、条件、愿望我们无法满足时，我们最好的做法是果断干脆地拒绝对方的要求，或是告诉他自己最大能尽多大努力，千万不能直接答应，给对方太大希望，反而让事情变得愈加复杂。当然，在你拒绝朋友的同时，一定要耐心、诚恳地向他解释清楚你所处的境地和要办成这件事所无法克服的困难，不要使对方心存幻想。

后来，晓惠在小雪的安排下去面试了，但由于专业不对口也没能去成。不过晓惠通过人才网还是找到了适合自己的工作。虽然小雪没能真正帮到她，但她深知小雪的苦衷，很能理解小雪，至今她们还保持着良好的友谊。在这里，小雪知道自己"能力"有限，便直接、爽快地告诉了晓惠。这既免去了一旦答应无法兑现的苦恼，也使朋友有机会另找门路。

试想，如果小雪不自量力地随便承诺晓惠，当结果出现事与愿违的情况时，晓惠就会觉得小雪根本无心帮自己忙，致使好朋友之间产生隔阂。拒绝朋友不要觉得面子上会使对方过不去，一味地犹豫和推诿，只能使朋友觉得有机可乘，反而会造成麻烦。

做不到的事情干脆拒绝，当然拒绝也要讲究策略，不要态度生硬。在我们"拒绝"朋友的时候，陈述的依据一定不能是随意、敷衍的，那样的话朋友就会觉得你"关键时刻不帮忙"，对你产生抱怨和不信任。

我们可以耐心劝阻，言明利害关系，可以据实说明情况，使朋友了解你的难处，也可以迂回婉转处置，巧借其他方法帮助完成朋友委托之事。好朋友的交情不是一朝一夕所能建立的，它需要双方长期的理解、宽容、互助来共同维系，我们要珍惜它、爱护它。

而当朋友的请求严重违反原则或直接损害公众利益的要求时，我们必须旗帜鲜明地拒绝。用一个否定词"不"，严词回绝，固然也能表明态度；但是，在特殊的场合，这样拒绝显然会弄僵氛围，远不如采用似是而非的话，避实就虚地答复，效果理想。因为害怕失去与同学、朋友之间的良好关系，虽然表面上我们是答应了他们的要求，可是实际上，在他们的内心，会积累许多的怨气，而怨气的积累，会让他们自己痛苦，带来很多负面的影响，造成他们在人际交往中的紧张、焦虑和恐惧。

真正的朋友是不会因为你拒绝了他而和你变得疏远的，你也可以通过这样的方式来看清一个人。拒绝是一门艺术，也是一种自我保护的方法。学会拒绝，既可以保证自己的身心健康，又可以帮助自己加强同周围同学、朋友、亲人的团结。但是，学会拒绝不是说要拒绝所有，人是社会性的，生存在这个社会中，大家要互相帮助。乐于助人是一种美德，它与学会拒绝并不矛盾，相信大家一定会处理好这些关系，掌握拒绝的艺术。

**学会非辩护式应对，从容化解责难和威胁**

生活是复杂多变的，我们在生活中面对的人也是多种多样的。所以，面对复杂的人和事情，我们不可能用一招就解决所有的问题。

在拒绝别人的时候，如果单纯地告诉对方我们的真实状况，让对方也一样体会到我们的难处，从而获得对方的同理心，就算我们没有提供帮助，对方至少不会怨恨我们。然而，这种方法并不是对所有人都适用。

我们在实际生活中也会遇到这样的人，他们不会跟我们探讨我们的实际状况，而是不待我们陈述，便开始指责或者威胁我们，从品质上或者从精神上来指责我们。一旦出现这样的情况，我们在前文中提到的三步走的方式就会失效，因为我们的以理服人完全没有找对人，对方不是就事论事地和我们来探讨。这样如果你在对方的责难之下为自己辩解，以至于发生争论，那么过程依然会走向恶化。

对于一件事情的评判，如果都采用就事论事的方式，那么就好办多了，因为十分曲直可以说得清楚。但是，一旦陷入人身攻击，品质评论，那么这样的情况就像俗话说的"秀才遇到兵，有理说不清"。

通常来说，有三种方式可能在这个时候出现，一是埋怨，二是愤怒，三是威胁。就好像我们民间的俗话"一哭二闹三上吊"。他们总是试图用自己的情绪来让你放弃自己的立场，从而顺从他们的思维。

那么面对这样的状况，又该如何来应对呢？如果对方可以和你理性地来讨论，那么我们前面所说的方式就可以奏效，我们可以通过我们的理由陈述来获得对方的认同，从而拒绝别人也让别人能够心平气和地接受。如果对方不谈论事情的本身，而是采取埋怨、愤怒或者攻击的方式，你再和他讲道理，那就有点对牛弹琴了。

一般人在面对对方的攻击的时候，第一反应就是回击对方。因为他们认为，如果面临攻击而不反击，会被别人认为是软弱可欺，所以必须以同等力度的回击对方。然而，如果你在面对对方攻击的时候，选择了回击，你也就将主动权交给了对方，因为你受到了别人的情绪影响。

很多人在面临对方指责的时候，首先想到的就是为自己辩护。事实上，如果你选择了辩护，也一样可认为是你放弃了自己的主动权，因为你辩护是为了让对方明白或者谅解你，事实上这个时候就相当于将原谅或者不原谅的主动权交给了对方。如果你自己没有错误，那么又何需对方的谅解或者不谅解呢？所以说，在应对指责或者攻击的时候，要学会非辩护式的应对方式。

什么是非辩护式应对，就是不要与对方争论。虽然这样的方式看似没有达到还击或者辩解的目的，但是正所谓"以其不争，故天下莫能与之争"，你一旦不与对方争论，对方的指责或者攻击也就没有了着力之处。那么你就拥有了主动权。

比如，你可以尝试使用以下的一些非辩护性应对的句子：

"你是这么想的啊，那好吧。"

"你这么激动，我们还是等你平静下来再讨论吧。"

"这仅仅是你的想法。"

"好吧，我想一下。"

这样的一些话语虽然简单，但是用在特定的时候，就能够让对方的责难或者攻击消弭于无形。下面我们来看一个利用非辩护应答来拒绝上司的不合理加班的例子。

王总："小李，我刚想起一件事情，原定下周末要交的那个策划案，你周末加加班帮我完成吧，我需要提前了解整个策划报告以便下周末和客户开会使用。"

李明："你是说要我周末加班来完成那个策划报告吗？"

王总："是的。"

李明："不好意思，王总。周末我已经决定和我的家人一起去度假，酒店和车票全部都已经订好了。"

王总："哦，不过，小李，这份策划十分重要，你能不能克服一下，帮我赶出来？"

李明："我明白，李总。可是现在我的计划真的很难改变。不如这样吧，我找小赵来完成这份策划报告好吗？他也全程参与了整个案子，应该也可以完成的。"

王总："小赵写报告的能力还不够，还是你亲自做一下吧。"

李明："对不起，李总，周末的计划我实在无法更改了。"

王总："你工作的责任心仅仅如此吗？"

李明："是的，周末我对于家庭的责任，是这样的。"

王总："如果这样的话，这件事会出现在你的绩效报告上。"

李明："我明白，您当然可以这样处理，因为这的确是事实。"

王总："好吧，真服了你了。那我还是找小赵吧。"

在整个过程中，王总希望可以利用李明的责任心让对方歉疚，从而接受加班的要求。然而，李明没有辩护，也没有反驳，而是接受并且只是讲出了自己的状况，反而让他在面对这样突如其来的不合理要求和不当责难的时候，顺利解脱。

## 方圆有道，原则问题不能让步

人际交往中的矛盾如果以平等互利的方式来解决都是可以化解的。但是，如果矛盾涉及原则性问题，那么就必须站稳脚跟，寸步不让，即使是细节也不能让。聪明人懂得，如果原则的问题也要让步，就等于失去了做人的方向。

人们所说的原则性问题主要有两种，一是尊严，二是应得的利益。尊严是精神上的原则性问题，一个人格健全的正常人是不能允许别人轻易冒犯自己的，尊严受到损害有时比物质利益的损失更能让人感到痛苦和难以忍受。一个人的素养越高越看重自己的人格与尊严，所谓"士可杀不可辱"，正是这个意思。

我们说在尊严问题上必须寸步不让，但在很多情况下是自己的尊严已被人严重地侵犯了，却还不知如何申辩，结果只能白白地受气。其实，别人侮辱我们的人格，并不意味着他的人格有多高尚，如果我们能够了解对方，稍稍使用一点"心机"，以其人之道，还治其人之身，往往可以收到良好的效果，从而为自己讨回尊严。

在某户人家有一位新来的小保姆，由于性情实在，干活利索，给女主人留下的印象颇佳。但是，生性狐疑的女主人还是担心这位姑娘手脚不干净，于是在试用期的最后几天想出个办法来试一试她。

一天早晨，小保姆起床要去做饭，在房门口捡到1元钱，她认为是女主人掉下的，就随手放在了客厅的茶几上。谁知第二天早晨，小保姆又在房门口捡到了一张5元的钞票，这让她感到很奇怪。"莫非是在试探我吗？"小保姆产生了这样的疑问。但她又很快打消了这个念头，因为女主人是位刚从高位退休的体面人，怎么会做出这样侮辱人的事情呢？这样想着，她就又把钱放在了茶几上，但还是留了个心眼儿。

到了晚上，小保姆假装睡下，从卧室的窗户窥视客厅中的动静。正当她困意袭来，准备放弃这一念头时，女主人竟真的悄悄到茶几前取钱来了。小保姆彻底惊呆了，怒火冲上了她的心头：怎么可以这样小看人！她咬了咬嘴唇，下定决心找回尊严。

次日早晨，小保姆又在房门口发现了一张钞票，这次是10元钱。她笑了笑，把钱装进了自己的口袋。到了傍晚，她在女主人下楼去跳广场舞之前把这10元钱悄悄地放在了楼梯上，准备也测试女主人一番。不出小保姆所料，女主人之所以怀疑别人手脚不干净，是因为她自己是一个自私而贪心的人，她在下楼时看见了那10元钱，当时就眼睛一亮，然后趁着左右没人把钱塞在了口袋里。这一幕，全都被暗中偷窥的小保姆看到。

当晚，女主人就像科长找科员谈话一样找到了小保姆，严肃而又婉转地批评她为人还不够诚实，如果能痛改前非，还是可以留用的。小保姆故作懵懂地问："你是不是说我捡了10元钱？""是呀！难道你不觉得自己有错吗？"小保姆摇了摇头："不，我不认为我做错了什么，因为我已经将那10元钱还给您了。"女主人一脸诧异："咦，你啥时还我钱了？"小保姆大声回答："今天傍晚，公共楼梯……"女主人一听到"楼梯"两个字，登时像触了电一样浑身一颤，狼狈得一句话也说不出来了……

聪明的小保姆利用了一些"心机"为自己找回了面子，女主人自然也不该再侮辱她的人格和尊严。试想一下，如果她正面反击，不讲策略又会是什么效果呢？使用一点"心机"，就可以方圆有道，一劳永逸，可见，做人还是要讲究技巧的。

## 拒绝那些说话没完没了的人

有朋来访，促膝长谈，交流思想，增进友情是生活中的一大乐事，也是人生道路上的一大益事。宋朝著名词人张孝祥在跟友人夜谈后，忍不住发出了"谁知对床语，胜读十年书"的感叹。然而，现实中也会有与此截然相反的情形。下班后吃过饭，你希望静下心来读点书或做点事，那些不请自来的"好聊"分子又要扰得你心烦意乱了。他唠唠叨叨，没完没了，一再重复你毫无兴趣的话题，还越说越来劲。你勉强敷衍，焦急万分，极想对其下逐客令但又怕伤了感情，故而难以启齿。

但是，你"舍命陪君子"，就将一事无成，因为你最宝贵的时间，正在白白地被别人占有着。鲁迅先生说："无端的空耗别人的时间，无异于谋财害命。"任何一个珍惜时间的人都不甘任人"谋财害命"。

那要怎样对付这种说起来没完没了的常客呢？最好的对付办法是：运用高

超的语言技巧，把"逐客令"说得美妙动听，做到两全其美。要将"逐客令"下得有人情味，既不挫伤好说者的自尊心，又使其变得知趣。

例如，暗示滔滔不绝的客人：主人并没有多余的时间跟他闲聊胡扯时，与冷酷无情的逐客令相比，下面的方法就更容易被对方接受。

一是"今天晚上我有空，咱们可以好好畅谈一番。不过，从明天开始我就要全力以赴写职评小结，争取这次能评上工程师了。"这含义是：请您从明天起就别再打扰我了。

二是"最近我妻子身体不好，吃过晚饭后就想睡觉。咱们是不是说话时轻一点？"这句话用商量的口气，却传递着十分明确的信息：你的高谈阔论有碍女主人的休息，还是请你少来光临为妙吧。

有时有些"嘴贫"的人对婉转的逐客令可能会意识不到。对这种人，可以用张贴字样的方法代替语言，让人一看就明白。影片《陈毅市长》里有一位著名的科学家，在自家客厅里的墙上贴上了"闲谈不得超过三分钟"的字样，以提醒来客：主人正在争分夺秒搞科研，请闲聊者自重。看到这张提醒，谁还会好意思喋喋不休地说下去呢？

根据具体实际情况，我们可以贴一些诸如"我家孩子即将参加高考，请勿大声喧哗""主人正在自学英语，请客人多加关照"等字样，制造出一种惜时如金的氛围，使爱闲聊者理解和注意。一般，字样是写给所有来客看的，并非针对某一位，所以不会令某位来客过于难堪。

# 第五章
# 你所谓的『完美』，其实是讨好心理在作祟

## 你是典型的完美主义者吗？

在这个时代，拖延症似乎是最普通的"病症"。只是，那些拖延的人往往没有意识到，"完美主义"是造成很多人拖延的根源。

心理学家认为，一个人如果对自己和他人要求过高，总是追求完美，这种性格就是完美主义的体现。完美主义的性格通常分为三种类型：一是"要求自我型"，他们对自己总是高标准、严要求，不允许自己犯任何错误，表现为固执、刻板；二是"要求他人型"，给他人设定一个很高的标准，不允许别人犯错误，并且对他人极为挑剔；三是"被人要求型"，他们追求完美的动力是为了满足其他人的期望，总是感觉自己被期待着，害怕别人对自己感到失望，因此时刻都要保持完美，一旦受到挫折就感到痛苦，不能接受。

在这三种类型中，"要求自我型"在生活中最为常见。一般来讲，不能容忍美丽的事物有所缺憾，是一种正常心态。只不过，我们身边不乏因为完美主义导致不断拖延的人，他们追求完美，但却不断拖延做事的节奏，最终得到不完美的结果。

小颖看周围不少同学都会游泳，于是在刚入夏时就决定学游泳。她认为，学习游泳必须做好相应的功课，她先在网上搜索和浏览"如何挑选游泳装备"之类的内容，然后开始上淘宝购物，挑了好几个晚上，终于买好了泳衣、泳镜、救生圈等装备。

此外，她还看了网上游泳教学的视频，自己跟着视频练习游泳的姿势。然后她跑了自家附近几个游泳馆咨询学习游泳的一些情况……

等到所有的信息和游泳装备都准备充分了，小颖认为自己真正可以开始学游泳时，夏天已经过去了，于是学习游泳的想法不得不拖延下去。而她做了漫长一夏的准备，却一次也没有下过水，买的那些装备一次也没有用，这些装备恐怕得等到下一个夏天了。

当然，下一个夏天，她是不是真的要去学习游泳，还不好说。

为何小颖如此想游泳，却一直无法下水，迟迟无法开始呢？这很大程度上是完美主义在作祟。

在完美主义者的眼中，做什么事情都不愿意匆匆忙忙地开始，总是要准备很长时间，要求万事俱备。比如，老师让学生发表一篇论文，他会去图书馆找很多资料，花很多时间认真读这些资料，就是一直无法开始写。等他觉得差不多可以写论文时，留给他完成论文的时间已经所剩无几，于是他只能草草写完或干脆拖延下去。

《艺术家之路》的作者朱莉亚·卡梅隆说："完美主义其实是导致你止步不前的障碍。它是一个怪圈——一个强迫你在所写所画所做的细节里不能自拔、丧失全局观念又使人精疲力竭的封闭式系统。"

的确，很多完美主义者在追求完美期间一直处于压力下，到了后期为了赶进度根本无法保证质量，甚至无法完成事情，完美主义者甚至给人一种办事能力不够的感觉。

完美主义根本就不是什么好事。丘吉尔说："完美主义让人瘫痪。"苛求完美恰恰是人们寻求幸福最大的障碍！要克服自己的完美主义倾向，可以采用以下两个步骤来管理自己的时间和期望值。

第一步，接受一个现实——我无法面面俱到。

第二步，去问自己，自己做到什么样子就算"足够好了"。

比如说，在一个完美的世界里，"我"可以每天工作12个小时以上；而在真实世界里，朝九晚五的工作时间对"我"来说就满负荷了。在一个完美世界里,"我"可以每天 1 次、每次花 90 分钟练习瑜伽,并且会花差不多的时间去健身房;而在真实世界里,每周 2 次、每次 1 小时练瑜伽,加上每周 3 次、每次 30 分钟的健身房锻炼,已经足够好了。采用"足够好了"的思维方式后,个人压力会减轻许多,而拖延状况也会大大缓解。

完美主义者试图在每一个方面都达到完美,最终只会导致妥协和挫败:在现实中的时间限制下,我们确实无法什么都做到完美。

## 拒绝完美:做一个普通人

车尔尼雪夫斯基说:"既然太阳上也有黑点,人世间的事情就更不可能没有缺陷。"世界上没有完美无瑕的东西,实际上,我们也没必要对自己太苛刻,不要因为追求完美而耽误了机会。

在生活中,总有一些人过于追求完美,用过高的眼光和标准苛求自己、衡量他人。无论做什么,都达不到自己的要求,进而苛责烦闷,陷入极度的苦恼中。事实上,"完美"是人类最大的错觉,完美主义者追求的完美,往往却是不可得的。

"断臂的维纳斯"一直被认为是迄今发现的希腊女性雕像中最美的一尊。美丽的椭圆形脸庞,希腊式挺直的鼻梁,平坦的前额和丰满的下巴,平静的面容,无不带给人美的享受。

她那微微扭转的姿势,和谐而优美的螺旋式上升的体态,富有音乐的韵律感,充满了巨大的魅力。

作品中维纳斯的腿被富有表现力的衣褶所遮盖,仅露出脚趾,显得厚重稳定,更衬托出了上身的美。她的表情和身姿是那样庄严而端庄,然而又是那样优美,流露出女性的柔美和妩媚。

令人惋惜的是，这么美丽的雕像居然没有双臂。于是，修复原作的双臂成了艺术家、历史学家最感兴趣的课题之一。当时最典型的几种方案是：左手持苹果、搁在台座上，右手挽住下滑的腰布；双手拿着胜利花圈；右手捧鸽子，左手持苹果，并放在台座上让它啄食；右手抓住将要滑落的腰布，左手握着一束头发，正待入浴；与战神站在一起，右手握着他的右腕，左手搭在他的肩上……但是，只要有一种方案出现，就会有无数反驳的道理。最终得出的结论是，保持断臂反而是最完美的形象。

就像维纳斯的雕像一样，很多事情因为不完美而变得更有深意。不少人总是抱有一种力求完美的心态，可是人生根本没有什么所谓"十全十美"的事情，你又何必把自己折腾得这么累？凡事尽力而为即可。

生活中，很多人忙忙碌碌一辈子，可是到最后却一事无成，究其原因，就在于他们做事非要等到所有条件都具备时才肯动手去做，然而所有的事情没有一件是绝对完美的。所以，这些人往往就在等待完美中耗尽了他永远无法完美的一生。在这个世界上，如果你每做一件事都要求务必完美无缺，便会因心理负担的增加而不快乐。

实际上，世界上根本没有绝对的完美，人生的残缺才是一种常态。凡事都要求尽善尽美，还会给我们的生活增加很多负担，甚至会干扰我们生活和工作的正常状态。

"金无足赤，人无完人"，我们都应该认识到自己的不完美。即使是全世界最出色的足球选手，10次传球，也有4次失误；最棒的股票投资专家，也有马失前蹄的时候。既然连最优秀的人做自己最擅长的工作都不能尽善尽美，那么一个普通的人为什么一定要追求虚无缥缈的"完美"呢？

拥有不断进取的心和完善自己的信念是值得提倡的，但苛求自己却是不必要的。人都会有缺点，这就是本来的生命状态。我们的成长就是克服这些缺点，并用尽可能平和的心态去看待这一切的过程。

没有瑕疵的事物是不存在的，盲目地追求完美的境界只能是劳而无功。因此，在生活中，我们不必为了一件事未做到尽善尽美的程度而自怨自艾。放弃对完美的追求，凡事不必尽善尽美，我们才能看到丰富多彩的生活图景，才能拥有完整的人生。

只要你知道这世界上没有什么会达到"完美"的境地，你就不必设定荒谬的完美标准来为难自己。你只要尽自己最大的努力开始去做每件事，就已经是很大的成功了。

## 走出完美主义的圈套

过度要求完美的人，总是要求每件事情做到尽善尽美，最终给自己施加了巨大的压力，但由于主客观方面的影响而造成不完美的结果，他们便会常常自责、拖延，伴有挫败感，结果自己和周围的人苦不堪言、不胜其累。

可以说，追求完美会导致自己陷入"完美主义"的圈套中。完美主义者有的追求工作上的完美，永远只能第一，不能第二；有的追求人际关系上的完美，希望所有的人都能喜爱自己，容不得别人对自己有半点不满，也容不得别人有闪失和错误；有的追求生活上的完美，无论吃饭、穿衣，每个细节都要考虑再三。这些完美主义者往往既是自我嫌弃的高手，也是挑剔别人的专家。当自己不能达到理想中的完美高度时，他们很容易作茧自缚、自暴自弃。但是，完美主义一旦变成对现实的苛求，立刻就成为一种陷阱。

小李是国内某所大学的博士生，博士学位已经读了七年，主要问题在于他的博士论文写得拖拖拉拉，每到关键处就卡壳。但是不要小看小李的学术功底，他在读博期间完成了其他几篇很有水平的论文，还帮助好几位"师弟"有效解决了论文中的难点。

优秀的博士生小李为何迟迟不能毕业呢？问题出在他的"完美主义"倾向上，他对自己的博士论文要求甚高，而对其他的论文要求却没这么高。回忆起读博后几年的生活，小李真是觉得苦不堪言。当有人指出他的完美主义倾向时，他才恍然大悟，他不再苛求论文完美，论文反而高速度高质量地完成了。

可见，完美主义有时就是个"圈套"，它可以把雄鹰变成笨鸡。这不难理解，过分追求完美的人，他们希望时时事事都能得到别人的肯定和夸奖，而害怕被别人拒绝或否定。为了避免不完美，他们不惜多花许多时间、气力去做事情，结果降低了自己的效能。另外有些完美主义者，是思想的巨人、行动的矮子。

如果说在精神领域也有什么"挡不住的诱惑"的话，恐怕完美主义就是一个。它几乎不需要什么投资，却可以在某些特定的条件下使人聊以自慰，就好像在干渴的沙漠中追逐海市蜃楼一样。

深陷于完美主义困境会让你经历更多的苦恼、忧虑，甚至沮丧。当无法达到完美的标准时，你会感到内疚和失望，并导致逃避心理，继而产生拖延行为。因此，是时候摆脱这种令人不愉快的，并没有任何好处的"完美主义"困境了。以下三个步骤可帮助你训练大脑走出完美主义困境。

第一，更加注意你的"完美主义"。当你遇到挑战或挫折的时候，花时间去反思。你的困境是不是因为完美主义所带来的？如果坚持完美主义是不是会让你更加被动？

第二，思考你是如何走向"完美主义"的。是否事实真的如看起来一样糟糕？有没有夸大处境的消极面？是否能够看到坚持完美主义的最终走向？

第三，用更有建设性的想法来替代"完美主义"。你如何改变你的想法让它变得更加真实？你又能如何摆脱完美主义的折磨呢？重新建立思想，以帮助你成长、学习。

实际上，醉心于追求绝对完美的人，往往不明白"完美"是抽象的概念，只有自己的生活才是具体的，有许多遗憾是无法避免的。

抛开缺陷和不完美，并接受它们作为你人生的组成部分。爱默生说："快乐，不代表身边一切都是完美的。而是意味着你已决定无视某些小瑕疵。"你不妨思考一下，自己到底需要什么？

## 看到劣势，但别抓住不放

每个人都有自己的缺点和不足，如果一味地抓住不放，就只能生活在自卑的愁云里。

王璇就是这样，她本来是一个活泼开朗的女孩，竟然被自卑折磨得一塌糊涂。王璇毕业于某著名语言大学，在一家大型的日本企业上班。大学期间的王璇是一个十分自信、从容的女孩。她的学习成绩在班级里名列前茅，是男孩们追逐的焦点。然而，最近王璇的大学同学惊讶地发现，王璇变了，原先活泼可爱的她像换了一个人似的，不但变得羞羞答答，而且其行为也变得畏首畏尾，甚至说起话来、干起事来都显得特别不自信，和大学时判若两人。每天上班前，她会在穿衣打扮上花整整两个小时。

为此她不惜早起。她之所以这么做，是怕自己遭到同事或上司的取笑。在工作中，她更是战战兢兢、小心翼翼，甚至到了谨小慎微的地步。

原来，自她到日本公司上班后，王璇发现日本人的服饰及举止显得很得体，让她觉得自己土气十足，上不了台面。于是她对自己的服装及饰物产生了深深的厌恶。第二天，她就跑到商场去了。可是，由于还没有发工资，她买不起那些名牌服装，只能悻悻地回来了。在公司的第一个月，王璇是低着头度过的。她不敢抬头看别人穿的名牌服饰，因为一看，她就会觉得自己穷酸。每当这样比较时，她便感到无地自容，她觉得自己就是混入天鹅群的丑小鸭，心里充满了自卑。

服饰还是小事，令王璇更觉得抬不起头来的是她的同事们平时用的香水都是洋货。她们所到之处，处处清香飘逸，而王璇自己用的却是廉价的香水。女人与女人之间，聊起来无非是生活上的琐碎小事，内容无非是衣服、化妆品、首饰等等。而关于这些，王璇几乎什么话都插不上。这样，她在同事中间就显得十分孤立，缺少人缘。

在工作中，王璇也觉得很不如意。由于刚踏入工作岗位，工作效率不是很高，不能及时完成上司交给的任务，有时难免受到批评，这让王璇更加局促和不安，甚至开始怀疑自己的能力。

此外，王璇刚进公司的时候，她还要负责做清洁工作。看着同事们悠然自得的样子，她就觉得自己与清洁工无异，这更加深了她的自卑感……

像王璇这样的自卑者，总是一味地轻视自己，总感到自己这也不行，那也不行，什么也比不上别人。怕正面接触别人的优点，回避自己的弱项，这种情绪一旦占据心头，就会使自己对什么都提不起精神，犹豫、忧郁、烦恼、焦虑也便纷至沓来。

每一个事物、每一个人都有其优势，都有其存在的价值。劣势是在所难免的，可是当我们看到它的时候，只要用心去改正和调整，就可以了没必要总是抓着它不放，既影响自己的心情，又阻碍未来的发展。

## 思想成熟者不会强迫自己做"完人"

莎士比亚说:"聪明的人永远不会坐在那里为他们的损失而悲伤,却会很高兴地去找出办法来弥补他们的创伤。"

如果你做了还感到不好,改了还感到不快,考了99分还嫌不是100分,刻意追求完美,这样肯定会"累",这种情况必须改善。

请瞧瞧你手中的"红富士",它们并不处处圆润,却甘甜润;再近一点儿看看牡丹,它上面也可能有一两个虫眼,却贵气十足,令百花折服。花无完美,果无完美,何况人生!

思想成熟的人不会强迫自己做"完人",他们允许自己犯错误,并且能采取适当的方式正确地对待自己的错误。

在这个世界上,谁都难免犯错误,即使是四条腿的大象,也有摔跤的时候。正如阿·托尔斯泰所说:"只有什么事也不干的人,才不致犯错误,而这恰好是他最基本的错误。"

反省是一种美德。不反省不会知道自己的缺点和过失,不悔悟就无从改进。

但是,这种因悔悟而责备自己的行为应该适可而止。在你已经知错、决定下次不再犯的时候,就是停止后悔的最好的时候。然后,你就应该摆脱这悔恨的纠缠,使自己有心情去做别的事。如果悔恨的心情一直无法摆脱,而你一直苛责自己、懊恼不止,那就是一种病态,或可能形成一种病态了。

你不能让病态的心情持续。你必须了解它是病态,一旦精神遭受太多折磨,有发生异状的可能,那就严重了。

所以,当你知道悔恨与自责过分的时候,要相信自己能够控制自己,告诉自己"赶快停止对自己的苛责,因为这是一种病态"。为避免病态具体化而加深，要尽量使自己摆脱它的困扰。这种自我控制的力量是否能够发挥，决定一个人的精神是否健全。

每个人都有缺点，这就是为什么我们要受教育。教育使我们有能力认识自己的缺点并加以改正，这就是进步。但在随时发现自己的缺点并随时改正之外，更要注意建立自己的自信，尊重自己的自尊。

有人一旦犯了错误，就觉得自己样样不如人，由自责产生自卑，由于自卑而更容易受到打击。经不起小小的挫折，受到了外界一点点轻侮或承受任何点点打击，都会痛苦不已。

一个人缺少了自信，就容易对周围环境产生怀疑与戒备，所谓"天下本无事，庸人自扰之"。

面对这种"无事自扰"的心境，最好的方法是努力进修，勤于做事，使自己因有进步而增加自信，因工作有成绩而增加对前途的希望，不再向后做无益的回顾。

进德与修业，都能建立一个人的自信心和荣誉感。对自己偶尔的小错误、小疏忽，不要过分苛责。

自尊心人人都有，但没有自信做基础，就会使人变得偏激狂傲或神经过敏，以致对环境产生敌视。要满足自尊心，只有多充实自己，使自己减少"不如人"的可能性，而增加对自己的信心。

做好人的愿望当然值得鼓励，但不必"好"到一切迁就别人，凡事委屈自己，更不能希望自己好到没有一丝缺点，而且发现缺点就拼命"修理"自己。一个健全的好人应该是该做就做，想说就说，一切要求合情合理之外，如果自己偶有过失，也能潇洒地承认："这次错了，下次改过就是。"不必把一个污点放大为全身的不是。

### 人生的幸福路，就是不走极端

在生活中，很多人之所以不幸福，是因为他们喜欢走极端，老是苛求这个，苛求那个，最后使自己的生活完全失去了乐趣。

现实生活中，喜欢走极端的大有人在，最明显的一类喜欢走极端的人就是完美主义者，对完美主义者来说，他们绝对不允许自己的生活出现瑕疵。

《绝望主妇》的女主角之一 Bree，就是最为典型的完美主义者。

她做事力求一百分，无论是家务、烹饪、仪容和相夫教子，她都尽心尽力。她永远会让房间一尘不染，熨平每件衣物，经常通过聚会来表现自己是优秀的女主人。

她是一个自我要求严格的人，出门时，从头到脚都要整整齐齐、干干净净。同时，她对家人也要求严格，用完的东西一定要放回原位，连筷子、汤匙的摆法和朝向都要一致。

她的过分刻意和挑剔，使得丈夫和两个孩子在家里感到很不安，因为他们必须按照 Bree "完美"的安排去生活，从吃早餐、袜子的颜色到交男女朋友都有规定，一旦做错，Bree 会立刻纠正和提醒。家里所有的人在她的"完美"之下都有一种窒息感。

当丈夫心脏病突发去世之后，Bree 并没有像其他人一样悲恸欲绝，她关心的焦点是如何操持一场完美的葬礼。在葬礼中，一向端庄稳重的 Bree 做了一件异常疯狂的事：当牧师请众亲友向她的丈夫遗体告别时，Bree 大声喊停，原因竟然是她不能忍受婆婆给丈夫戴的那条"可笑的黄色领带"。于是，她在众目睽睽下，解下朋友的领带为丈夫换上。完成这一切后，她才露出了满意的笑容。

这样的行为在很多人看来不可理喻，但是了解了完美主义者的思维方式和关注焦点，Bree 的行为就不那么难以理解了。完美主义者对自己的感觉和感受，常用自我麻醉的方法来进行压抑和否定。面对生活中的摩擦和矛盾，完美主义者往往难以平心静气地与人进行很好的沟通，达成一致意见，而是按照自己所理解的完美方案去要求对方，从而不能使问题得到解决。

完美主义者对待感情很忠诚，因为他们的内心不允许他们做不道德的事情。同时，他们也要求对方做到绝对忠诚，一旦发现对方有不忠的行为，完美主义者会非常愤怒而绝望。受到伤害的完美主义者往往会用毁灭感情的方式来做一个彻底的了结。

所以，我们要明白：人生的幸福路，就是不走极端。比方说，一个人要老实，但是不能太老实。一方面太老实的人没什么个性、没什么特点，另一方面太老实也被看成无能的表现。要聪明，但不能太聪明，小心聪明反被聪明误。与其在生活中一味地追求拔尖，不如追求适用。就像有人说的那样，在学习的时候，我们要做一个锥体，用心钻研；在做人的时候，我们要做正方体，方方正正；在处世的时候，我们要做球体，圆圆融融。

一个人在生活中，与其过分地追求极端，不如追求平衡。只要我们的内心平稳，只要我们的心灵足够舒服，我们就没有必要走极端路线。

## 放弃不符合现实的完美标准

要求完美是件好事，但如果过头了，反而比不求完美更糟。别让完美成了苛刻，完美是种尽心的做事态度，而不是恐怖行动！

人生确有许多不完美之处，每个人都会有这样那样的缺陷。其实，没有缺憾我们便无法去衡量完美。仔细想想，缺憾其实也是一种完美。

人生就是充满缺陷的旅程。从哲学的意义上讲，人类永远不满足自己的思维、自己的生存环境、自己的生活水准。这就决定了人类不断创造、追求，从简单的发明到航天飞机，从简单的词汇到庞大的思想体系。没有缺陷就意味着圆满，绝对的圆满便意味着没有希望、没有追求，便意味着停滞。人生圆满，人生便停止了追求的脚步。

生活也不可能完美无缺，也正因为有了残缺，我们才有梦、有希望。当我们为梦想和希望而付出努力时，就已经拥有了一个完整的自我。

## 世上根本没有绝对的完美

人生不可能事事都如意，也不可能事事都完美。追求完美固然是一种积极的人生态度，但如果过分追求完美，而又达不到完美，就必然会产生浮躁。过分追求完美往往得不偿失，反而会变得毫无完美可言。

在古时候，有户人家有两个儿子。当两兄弟都成年以后，他们的父亲把他们叫到面前说："在群山深处有绝世美玉，你们都成年了，应该做探险家，去寻求那绝世之宝，找不到就不要回来。"

两兄弟次日就离家出发去了山中。

大哥是一个注重实际、不好高骛远的人，不论发现的是一块有残缺的玉，或者是一块成色一般的玉，甚至是奇异的石头，他都统统装进行囊。过了几年，到了他和弟弟约定的回家时间，此时他的行囊已经满满的了。尽管没有父亲所说的绝世完美之玉，但造型各异、成色不等的众多玉石，在他看来也可以令父亲满意了。

弟弟却两手空空，一无所得。弟弟说："你这些东西都不过是一般的珍宝，不是父亲要我们找的绝世珍品，拿回去父亲也不会满意的。我不回去，父亲说过，找不到绝世珍宝就不能回家，我要继续去更远更险的山中探寻，我一定要找到绝世美玉。"

哥哥带着他的那些东西回到了家中。父亲说:"你可以开一个玉石馆或一个奇石馆,那些玉石稍一加工,都是稀世之品,那些奇石也是一笔巨大的财富。"

短短几年,哥哥的玉石馆已经享誉八方。他寻找的玉石中,有一块经过加工后成为不可多得的美玉,被国王做了传国玉玺,哥哥因此富可敌国。

在哥哥回来的时候,父亲听了他介绍弟弟探宝的经历后说:"你弟弟不会回来了,他是一个不合格的探险家,他如果幸运,能中途所悟,明白至美是不存在的这个道理。如果他不能早悟,便只能以付出一生为代价了。"

很多年以后,父亲生命垂危。哥哥对父亲说要派人去寻找弟弟。

父亲说:"不要去找他,如果经过了这么长的时间都不能顿悟,这样的人即便回来又能做成什么事情呢?世间没有纯美的玉,没有完美的人,没有绝对的事物,为追求这种东西而耗费生命的人,何其可笑!"

追求完美,是人类在成长过程中的一种心理特点。应该说,这没有什么不好。人类正是在这种追求中不断完善着自己。如果人只满足于现状,而失去了这种追求,那么人大概现在还只能在森林中爬行。

我们对事物总要求尽善尽美,愿意付出很大的精力去把它做到天衣无缝的地步。但是,世界上根本就不存在任何一个完美的事物。为了心中的一个梦而偏执地去追求,却全然不顾你的梦是否现实、是否可行,从而浪费掉许许多多的时间和精力,最终只能在光阴蹉跎中悔恨。世界并不完美,人生当有不足。对每个人来讲,不完美的生活是客观存在的,无须怨天尤人。给自己的心留一条退路,生活会更美好。

## 避免监督自己的想法

在许多人的脑子里,总是会出现一种想法——"我们应该……",这样的想法其实有一种自我限定、自我监督或者事后诸葛亮的成分。因为这样的"应该"是我们给自己设定了一个目标,这个目标或许能够成功或许不能,有时候,这个"应该"的目标设定得过大过强,超出了我们的能力范围,就有可能给我们带来过重的负担和压力。

那么,我们应该怎样处理这种"应该"带来的压力呢?

首先,对抗"应该"的一个方法就是告诉自己"应该"命题与现实不符。比如,当你说"我应该做……"时,你假设事实上自己不应该做。真相通常与你的想象正好相反。

其次,在口头语言上进行替换。比如,用别的词来取代"应该",运用双栏法等。口头语"要是……就好了"或"我希望我能……"会很有益,而且听起来更现实,也不让人心烦。比如,不说"我应该能够让我妻子快乐",而说"要是现在能让我妻子快乐就好了,因为她好像很难受。我可以问一问她为什么难过,看看我有没有什么办法帮助她";不说"我不应该吃冰淇凌",而是说"要是没吃冰淇凌就好了"。

再者,就是对自己的反省和叩问:"谁说应该?哪儿写着说我应该。"这样做的目的是让你意识到你是在毫无必要地批评自己。由于你是规则的最终制定者,所以一旦你感到这些规则无益,你就可以改变规则或废除规则。假定你对自己说你应该能够让双亲一直生活快乐,如果经验告诉你这样想毫无必要也没有好处,你就可以重写规则,让规则更有效。你可以说:"我可以让双亲有时感到快乐,但是肯定不能让他们一直快乐。最终,他们是会感到快乐的。"

另外，还有一种更简单实用的方法——腕表法。一旦你相信应该命题不利于你，你就可以把它们记录下来。每出现一个应该命题，你就摁一下表。你还要根据每天的工作总量建立一套奖励机制。记下的应该命题越多，你所得到的奖赏也就越多。过上那么几周，你每天的应该命题总量就会下降，你就会发现自己的内疚感减少了。

最后，战胜"应该"的另外一个有效方法就是问："为什么我应该？"然后你就可以审视你所遇到的证据，以揭示其中不合理的逻辑。运用这种方法你可以把应该命题降低到尽可能的限度。

在你成长的过程中，你要经常告诉自己，"学会接受你的局限性，你就会变成一个更为幸福的人"。

## 让"强迫症"不再强迫你

强迫症又称强迫性神经症，是病人反复出现的明知是毫无意义的、不必要的，但主观上又无法摆脱的观念、意向和行为。其表现多种多样，如反复检查门是否关好，锁是否锁好；常怀疑被污染，反复洗手；反复回忆或思考一些不必要的问题；出现不可控制的对立思维，担心由于自己不慎使亲人遭受飞来横祸；对已做好的事，缺乏应有的满足感……

强迫症的发病原因，一般认为主要是精神因素。现代社会压力大，竞争激烈，淘汰率高，在这种环境下，内心脆弱、急躁、自制能力差、具有偏执型人格或完美主义人格的人很容易产生强迫心理，从而引发强迫症。通常，他们会制定一些不切合实际的目标，过度强迫自己和周围的人去达到这个目标，但总会在现实与目标的差距中挣扎。此外，自幼胆小怕事、对自己缺乏信心、遇事谨慎的人在长期的紧张压抑中会焦虑恐惧，易出现强迫症行为。

需要指出的是，像反复检查门锁这种强迫心理现象在大多数人身上都曾发生过，如果强迫行为只是轻微的或暂时性的，当事人不觉痛苦，也不影响正常生活和工作，就不算病态，也不需要治疗。如果强迫行为每天出现数次，且干扰了正常工作和生活，就需要治疗了。

李广栋（化名）是某修配厂的一名工人，平时非常怕脏，只要别人碰过的衣物就丢弃，只要手碰了一下某种东西，就洗刷不止。三年前李广栋刚去这工厂不久，生活上有些不适应，热心的老工人袁师傅对他比较关心，在生活上关照他，业务上指导他，因此关系比较密切。后来，李广栋听人说袁师傅曾患有肝炎，因而十分紧张，怕传染上肝炎，于是将所有被袁师傅接触过的衣物器皿丢掉，被袁师傅碰过的东西，如自己再碰着就不断地洗手，直洗到双手发白、皮肤起皱才罢休，否则就会内心紧张不已，甚至感到思维都不灵活了。自己明知这样洗是不必要的，但无法控制。在朋友的劝说下，李广栋去找心理学专家进行咨询，经诊断他患上了强迫症。

"强迫症"并不可怕，关键在于你能否勇敢理智地面对它、战胜它，让它再也"强迫"不了你。如果你有此决心，不妨试试以下六种方法进行自我调适。

**1. 顺其自然法**

任何事情顺其自然，该咋办就咋办，做完就不再想它，有助于减轻和放松精神压力。如有东西忘了带就别带它好了，担心门没锁好就不锁，东西没收拾干净就脏着。经过一段时间的努力来克服由此带来的焦虑情绪，症状是会慢慢消除的。

**2. 夸张法**

患者可以对自己的异常观念和行为进行戏剧性的夸张，使其达到荒诞透顶的程度，以致自己也感到可笑、无聊，由此消除强迫性表现。

### 3. 活动法

患者平时应多参与一些文娱活动，最好能参加一些冒险和富有刺激性的活动，大胆地对自己的行动作出果断的决定，对自己的行为不要过多限制和发表评价。在活动中尽量体验积极乐观的情绪，拓宽自己的视野和胸怀。

### 4. 自我暗示法

当自己处于莫名其妙的紧张和焦虑状态时就可以进行自我暗示。比如，我干吗要这样紧张？一次作业没做是没有关系的，只要向老师讲清原因就可以了。就是不讲，老师也不会批评；就是批评了，又有什么好紧张的，只要虚心听取下次改了就行，何必那样苛求自己呢？谁没有过一点过失呢？

### 5. 满灌法

满灌法就是一下子让你接触到最害怕的东西。比如说你有强迫性的洁癖，请你坐在一个房间里，放松，轻轻闭上双眼，让你的朋友在你的手上涂上各种液体，而且努力地形容你的手有多脏。这时你要尽量地忍耐，当你睁开眼，发现手并非想象的那么脏，就会知道不能忍受只是想象出来的。若确实很脏，你洗手的冲动会大大增强，这时你的朋友将禁止你洗手，你会很痛苦，但要努力坚持住，随着练习次数的增加，焦虑便会逐渐消退。

### 6. 当头棒喝法

当你开始进行强迫性的思维时，要及时地对自己大声喊"停"。如果你在自疗的过程中遇到困难，请别忘了向你身边的朋友或心理学家寻求帮助。

## 生命给予什么，我们就享受什么

张爱玲曾说："生命是一袭华美的袍，上面爬满了虱子。"真正懂得生活的人不会在意袍上的虱子，他会去享受它的华美，让生命自然地绽放，从而忘却瘙痒。生命其实已经给了我们很多东西，没有纵横政界的权势，你至少可以有充足的时间徜徉在家庭的温暖里；没有锦衣玉食，粗茶淡饭却会给你带来真正的健康；没有高级的轿车，你还可以用双脚感受大地的柔软。生命给了什么，就享受什么，这才是人生的大境界。

某人有一张名贵的由黑檀木制成的弓，这张弓射得又远又准，因此备受珍惜。有一次，他把弓捧在手上仔细把玩时，突然觉得它还有些不完美，说道："你稍微有些笨重！外观还不够漂亮，太可惜了！——不过这是可以补救的！"他思忖很久，终于找到了补救的办法："我去请最优秀的艺术家为你雕一些美丽的图画。"于是他请艺术家在弓上雕了一幅完整的行猎图。"还有什么比一幅行猎图更适合这张弓的呢！"这个人充满了喜悦，非常满意，"你本应配有这种绝美的装饰，我亲爱的弓！"他一面说着，一面拉紧了弓，弓却断了。

这张弓本来是非常名贵的，不过是少了些外表的装饰显得不那么完美，这个人的苛求反而损坏了弓原本很优质的地方，弓承受不了，自然就折了。生命就如这张名贵的弓，本来具有了它自身的华美和不足，但它以最实用也是最适合自己的方式存在着，如果太过于追求完美，太苛求，就会打破原本的秩序。当我们对生命报以宽容的态度而不苛求什么时，它本身的意义会显得更加丰富和真实。

当沙滩上布满了漂亮的贝壳，活像个闪亮的大毡子，我们怀着欣喜去捡拾，却发现远处的那枚总比自己手中漂亮，于是，我们就把手中的丢弃，去找最漂亮的那枚。时间慢慢过去，潮水就要涨起来了，我们还是遗憾没找到最漂亮的那个，抱着宁缺毋滥的固执扔下了手里最后的那枚贝壳，最后仍是两手空空。生命的过程就像捡贝壳一样，好像最漂亮的总在后面，而我们总觉得得到的不尽如人意，但是，我们不能拒绝，不然，等你走到生命的尽头时会发现两手空空、一无所有。

苛求会导致失去，追求完美也要适度。不苛求星星也光芒四射，只需它点缀黑暗天空；不苛求小草也撑起一片阴凉，只需它填满绿茵；不苛求一滴水也滋润麦田，只需它昭示生命的存在……"不以物喜，不以己悲"，让一切自然地来，让一切淡淡地去，生命给了我们什么，就去享受什么，平淡也好，腾达也好，快乐和忧伤，抑或幸福与苦难，都坦然地去接受，用心去享受，因为一点一滴都记录着自己的人生。

## 不强迫自己做不想做的事

我们的生命只有一次，而且还相当短，为什么要在自己不想做的事情上浪费自己的生命呢？

有一天，如来佛祖把弟子们叫到法堂前，问道："你们说说，你们天天托钵乞食，究竟是为了什么？"

"世尊，这是为了滋养身体，保全生命啊。"弟子们几乎不假思索。

"那么，肉体生命到底能维持多久？"佛祖接着问。

"有情众生的生命平均起来大约有几十年吧。"一个弟子迫不及待地回答。

"你并没有明白生命的真相到底是什么。"佛祖听后摇了摇头。

另外一个弟子想了想又说："人的生命在春夏秋冬之间，春夏萌发，秋冬凋零。"

佛祖还是笑着摇了摇头："你觉察到了生命的短暂，但只是看到生命的表象而已。"

"世尊，我想起来了，人的生命在于饮食间，所以才要托钵乞食呀！"又一个弟子一脸欣喜地答道。

"不对，不对。人活着不只是为了乞食呀！"佛祖又加以否定。

弟子们面面相觑，一脸茫然，都在思索另外的答案。这时一个烧火的小弟子怯生生地说道："依我看，人的生命恐怕是在一呼一吸之间吧！"佛祖听后连连点头微笑。

故事中各位弟子的不同回答反映了不同的人性侧面。人是惜命的，希望生命能够长久，才会有那么多的帝王将相苦求长生之道；人是有贪欲的，又是有惰性的，所以才会有那么多"鸟为食亡"的悲剧发生；而人又是向上的，所以才会有那么多"只争朝夕"、从不松懈的生活。

这些弟子看到的都只是生命的表象，而烧火小弟子的彻悟，却在常人之上。人这一生，犹如一呼一吸，生和死，只是瞬间的转化。天地造化赋予人一个生命的形体，让我们劳碌度过一生，到了生命的最后才让人休息，而死亡就是最后的安顿，这就是人一生的描述。世间的痛苦与幸福，都不过是生命的衍生。倘若没有了生命，便没有痛苦，幸福也无从谈起。

生命之旅，即使短如小花，也应当珍惜这仅有的一次生存的权利。生命是短暂的，它在一呼一吸之间，如流水般消逝，永远不复回。要让生命更精彩，我们理应在有限的时间里，绽放幸福的花朵。

在有限的生命里，我们应该秉持一种乐观心态，让我们的生命活得更精彩、更有价值，让可贵的生命变成有质量的生命。

对每个人来说，生命有长有短，生命的质量也有很大的不同。什么是生命的质量？生命的质量是霍金在残疾之后的坚强不息，是海伦在失明之后活下去的勇气，是世人孜孜不倦追求幸福的过程。我们无法掌握生命的长度，但我们能改变生命的质量。只要活出有质量的人生，瞬间生命也能绽放永恒的绚烂。

所以，把握住短暂的生命，把生命的热情倾注在自己喜欢做、渴望做的事情上，把自己的人生变成有质量的人生，莫到年华流逝时，才感慨时光错付而追悔不已。走自己的路，让别人去说，人生在世，何必事事都在乎世人的眼光，又何必因自己想做的事与世俗眼光相左而放弃自我的坚持？生命短暂，何必花费过多时间在自己不愿做的事情上呢？虽然人活在这个世界上，不可避免地会遇到一些违背心愿的事，但是关键在于能否在做了这些事之后还能继续坚持自己的理想，且坚持不懈地走下去。人这一生，要拿得起放得下，勿在不愿做的事情上花费太多时光，消耗自己短暂的人生。做自己想做的事，过自己想过的生活，燃烧自己生命的激情，一呼一吸间的短暂生命会因此而丰盈，从而变得充满质感，充盈为有质量的人生，洋溢着幸福。

# 第六章
# 别害怕冲突，敢做更厉害的人

## 你当善良，且有锋芒

泰德是某出版社的职员，由于自己是从外地应聘来的，在工作中他处处小心、事事谨慎。对每位同事都毕恭毕敬，与同事发生小摩擦，他从不据理力争，总是默默地走开。大家都认为他太老实，于是都不把他当回事，以至于在许多事情上总是他吃亏。想起两年来同事们对他的态度，尤其在奖金分配上自己老是吃亏这些事，泰德心里觉得委屈。残酷的现实使他不得不对自己的为人处世进行反思。

有一天，办公室的一位同事擅离职守丢失了东西。这位同事嫁祸给泰德，说是他代自己值的班。主任在会上通报这件事时，泰德马上站了起来，说道："主任，今天的事你可以调查，查一查值班表。那天根本就不是我的班，怎么能说我不负责任？主任，有人是别有用心，想让我替他顶罪。并且，我要告诉你们，大家在一起共事也是有缘，我实在是不想和同事们争来争去。以后，谁要再像以前那样待我，对不起，我就不客气了。"

经过这件事，泰德发现同事们对他的态度有了明显的转变。他也不想再扮演被人欺负的老实人角色了。

人与人之间是平等的，即使竞争也是如此。所以，要想在办公室里和别人一样平等，就不能太过老实，像个软柿子一样；否则，你就会成为别人欺辱的对象。随着社会的发展，办公室竞争日趋激烈，如果你以一个"弱者"的姿态出现在办公室，不但不会引起别人的同情，相反，还会使得每个人都往你头上踩上一脚。所以，请收起你的懦弱，藏起你的老实，勇敢地面对竞争吧！只有有竞争，才有进步和发展，才能创造出更好的成果，才能推动社会的进步和发展。

忍让是老实人最大的特点。忍让往往让对方得寸进尺，直到令你忍无可忍。职场如此，社会亦如此，善良的人往往是被统治者。忍让不是办法，真正的办公室生存法则是勇敢面对，从每一件小事做起，把握原则，坚持真理，杜绝邪恶，别让对方的无理取闹越演越烈，直到无法收拾的地步。

在办公室里，时常会出现"欺软怕硬"的现象。如果过于老实，你的前程将会出现很大的危机。在上司眼里，一个连自我都保护不好的人，肯定是无法胜任重要职位的。所以，怎样才能不致因老实而成为受人欺负的对象是一门重要的学问。要改变被人欺负的现状，就必须强硬起来，与欺负你的人抗争，除此之外，还可以提高自己的办事能力。这样，那些原来欺负你的人就会有所收敛。

有些人认为"吃亏就是占便宜"，吃点小亏没什么，用阿Q精神来安慰自己。但是，在竞争日益激烈的当今职场，这种想法可行不通。你应注意自身修养，要做到胜任工作，守信用，不让个人情绪左右工作，脚踏实地地工作。进攻才是最好的防守，一味忍让，苦守在自己的城堡里，总有一天会被敌人攻下。唯一的办法是主动出击，保护自己。这样你才会成为上司眼中极具潜力的人，你的前途自然会不可估量。

## 正直不是一味愚憨

做人固然要正直，但是如果一味愚憨，不分对象，则一定会吃亏乃至失败。与品行不端之人打交道，就要灵活应变，必要时先发制人。

东晋明帝时，中书令温峤备受明帝的信任，大将军王敦对此非常嫉妒。王敦于是请明帝任命温峤为左司马，归王敦管理，准备等待时机除掉他。

温峤为人机智，洞悉王敦所为，便假装殷勤恭敬，总理王敦府事，并时常在王敦面前献计，借此迎合王敦，使他对自己产生好感。

除此之外，温峤有意识地结交王敦唯一的亲信钱凤，并经常对钱凤说："钱凤先生才华、能力过人，经纶满腹，当世无双。"

因为温峤在当时一向被人认为有识才看相的本事，因而钱凤听了这赞扬心里十分受用，和温峤的交情日渐加深，同时常常在王敦面前说温峤的好话。透过这一层关系，王敦对温峤戒心渐渐解除，甚至引为心腹。

不久，丹阳尹辞官出缺，温峤便对王敦进言："丹阳之地，对京都犹如人之咽喉，必须才识相当的人去担任才行，如果所用非人，恐怕难以胜任，请你三思而行。"

王敦深以为意，就请他谈自己的意见。温峤诚恳答道："我认为没有人能比钱凤先生更合适的了。"

王敦又以同样的问题问钱凤，因为温峤推荐了钱凤，碍于情理，钱凤便说："我看还是派温峤去最适宜。"

这正是温峤暗中打的主意，果然如愿。王敦便推荐温峤任丹阳尹，并派他就近暗察朝廷中的动静，随时报告。

温峤接到派令后，马上就做了一个小动作。原来他担心自己一旦离开，钱凤会立刻在王敦面前进谗言而再召回自己，便在王敦为他饯别的宴会上假装喝醉了酒，歪歪倒倒地向在座同僚敬酒，敬到钱凤时，钱凤未及起身，温峤便以笏（朝板）击钱凤束发的巾坠，不高兴地说："你钱凤算什么东西，我好意敬酒你却敢不饮。"

钱凤没料到温峤一向和自己亲密，竟会突然当众羞辱自己，一时间神色愕然，说不出话来。王敦见状，忙出来打圆场，哈哈笑道："太真醉了，太真醉了。"

钱凤见温峤醉态可掬的样子，又听了王敦的话，也没法发作，只得咽下这口恶气。

温峤临行前，又向王敦告别，苦苦推辞，不愿去赴任，王敦不许。温峤出门后又转回去，痛哭流涕，表示舍不得离开大将军，请他任命别的人。

王敦大为感动，只得好言劝慰，并且请温峤勉为其难。温峤出去后，又一次返回，还是不愿上路，王敦没办法，只好亲自把他送出门，看着他上车离去。

钱凤受了温峤一顿羞辱，头脑倒清醒过来，对王敦说："温峤素来和朝廷亲密，又和庾亮有很深的交情，怎会突然转向，其中一定有诈，还是把他追回来，另换别人出任丹阳尹吧。"王敦已被温峤彻底感动了，根本听不进钱凤的话，不高兴地说："你这人气量也太窄了，太真昨天喝醉了酒，得罪了你，你怎么今天就进谗言加害他？"

钱凤有苦难言，也不敢深劝。

温峤安全返回京师后，便把在大将军府中获悉的王敦反叛的计划告诉朝廷，并和庾亮共同谋划讨伐王敦的计划。

王敦这才知道上了温峤的大当，气得暴跳如雷："我居然被这小子给骗了。"

然而，王敦已经鞭长莫及，更无法挽救失败的命运了。

正直品格只有面对正直的人才能使用，在面对坏人时一定要收藏起自己的正直秉性，采取更灵活的方法应对，避免使自己的秉性被其利用，温峤在处理王敦、钱凤等人的关系中，运用一整套娴熟的处世技巧，不但保护了自己，而且在时机成熟时，主动出击，取得了胜利。

正直的人总是因为做事坦荡而使自己处于明处。要想提防别人的袭击，就必须学会保护自己。

正直不是愚憨，正直的人也不排斥谋略，甚至是也可以采用以其人之道还治其人之身，只有采用更高一筹的谋略，正直的人才能避免遭受伤害，才能始终保持在职场上的安全。

## 善良过了底线，也是一种"罪"

春秋时，齐桓公死后，宋襄公不自量力，想接替齐桓公当霸主，但是遭到了其他各国的反对。宋襄公发现郑国最积极支持楚国做盟主，便想找机会征伐郑国出口气。

周襄王十四年，宋襄公亲自带兵去征伐郑国。

楚成王发兵去救郑国，但他不直接去救郑国，却率领大队人马直奔宋国。宋襄公慌了手脚，只得带领宋军连夜往回赶。等宋军在泓水扎好了营盘，楚国兵马也到了对岸。公孙固劝宋襄公说："楚兵到这里来，不过是为了援救郑国。咱们从郑国撤回了军队，楚国的目的也就达到了。咱们力量小，不如和楚国讲和算了。"

宋襄公说："楚国虽说兵强马壮，可是他们缺乏仁义；咱们虽说兵力不足，可是举的是仁义大旗。他们的不义之兵，怎么打得过咱们这仁义之师呢？"宋襄公还下令做了一面大旗，绣上"仁义"二字。天亮以后，楚国开始过河了。公孙固对宋襄公说："楚国人白天渡河，这明明是瞧不起咱们。咱们趁他们渡到一半时，迎头打过去，一定会胜利。"宋襄公还没等公孙固说完，便指着头上飘扬的大旗说："人家过河还没过完，咱们就打人家，这还算什么'仁义'之师呢？"

楚兵全部渡了河，在岸上布起阵来。公孙固见楚兵还没整好队伍，赶忙又对宋襄公说："楚军还没布好阵势，咱们抓住这个机会，赶快发起冲锋，还可以取胜。"

宋襄公瞪着眼睛大骂道："人家还没布好阵就去攻打，这算仁义吗？"

正说着，楚军已经排好队伍，洪水般地冲了过来。宋国的士兵吓破了胆，一个个扭头就跑。宋襄公手提长矛，想要攻打过去，可还没来得及往前冲，就被楚兵团团围住，大腿上早中了一箭，身上好几处受了伤。多亏了宋国的几员大将奋力冲杀，才把他救出来。等他逃出战场，兵车已经损失了十之八九，再看那面"仁义"大旗，早已无影无踪。老百姓见此惨状，对宋襄公骂不停口。

可宋襄公还觉得他的"仁义"取胜了。公孙固搀扶着他，他一瘸一拐地边走边说："讲仁义的军队就得以德服人。人家受伤了，就不能再去伤害他；头发花白的老兵，就不能去抓他。我以仁义打仗，怎么能趁人危难的时候去攻打人家呢？"

那些跟着逃跑的将士听了宋襄公的话，只得叹气。

确实，善良有时也是一种"罪"，过度的不分场合的"善良"，有时会演变成悲剧。在社会上，没有原则的仁义有时会成为一个人发展的负担，甚至是致命伤。有这样一则寓言：

一匹狼跑到牧羊人的农场，想偷猎一只羊。牧羊人的猎犬追了过来，这只猎犬非常高大凶猛，狼见打不过又跑不掉，便趴在地上流着眼泪苦苦哀求，发誓它再也不会来打这些羊的主意。猎犬听了它的话，又看它流了泪，非常不忍，便放了这匹狼。想不到这匹狼在猎犬回转身的时候，纵身咬住了猎犬的脖子，临死之际，猎犬伤心地说："我原不应该被狼的话感动的！"

然而，现实生活中却有很多如宋襄公和寓言中的猎犬一样的人，以为能通过自己的仁义感化别人。殊不知，这样不但不会感动他人，反而会给他人更多的机会再次犯下恶行。

因此，有时，善良也是一种"罪"，在不该仁义的时候就要坚持原则和遵从事物发展的规律，切不可因己之"仁"伤害了更多无辜之人甚至丢掉自己的性命。

世界之大，人有不同，有一些人不会正视我们的忍让和善良，把我们的善良当软弱，把我们的宽容当懦弱。所以，善良需要有度，善良的前提是保护好自己，如果处在弱势，我们首先需要做的是保护自己。

## 以直报怨，让你的善良长出牙齿

从策略上说，无论"逆来顺受"还是"以柔克刚"，都有其合理性，但问题是逆来顺受之后会怎么样？一个可预见的结果是，一旦知道你会采取这种宽容策略，他们有可能采取背叛策略，进一步欺负你。

另一个可预见的结果是，对方会从你的"宽容"导致的纵容中得到"鼓励"，去欺负其他人，结果人人都生活在不公的世界里。

所以，在人际、群际关系乃至国际关系中，唾面自干、逆来顺受的情况不一定是良性的，以德报怨是应该酌情运用的。对恶行的惩罚、对恶人的威慑与对善行的奖励同样重要，甚至更为重要。世界各国都有详细缜密的法律规范本国人民的行为，社会也会用道德等"不成文的法律"保证合作，作为个人，也要通过勇敢维护自己的权利，来回击恶意的侵犯，这样做不仅是为了自己，更是为了整个社会。

宽容固然可以避免不必要的争斗，但过度宽容就是软弱，它不仅无益，反而有害。只有以直报怨，才是正确之道。

## 有礼有节，应对背后说你坏话的人

俗话说，人无千日好，花无百日红。人与人之间相处，贵在真真实实、平平淡淡。对于那些搬弄是非的人，我们历来认为：来说是非者，必是是非人。无数事实证明，那些善于搬弄是非的人，几乎都是成事不足、败事有余的人。若真的有协调能力，有公关水平，有让人敬慕的人格力量，就不可能去搬弄是非。归根结底，搬弄是非是软弱无能的表现，是在人与人之间玩弄的一种"小伎俩"，任何时候也不能登大雅之堂。

当你有天发现竟然有同事在你背后四处说你的坏话，暗中破坏你的形象，你该怎么办？千万不要因为一时气不过，就怒气冲冲地找对方理论。

先稳定好自己的情绪，然后以平静的心态一步步地化解难题。

第一步，反思自己。你应该想想，自己是不是做了什么事、说过什么话，让对方看你不顺眼。如果不明就里地就去找对方兴师问罪，只会让对方看你更不顺眼。

第二步，问清楚原因。你可以问："我不知道发生了什么事，是否可以告诉我是什么问题。"如果对方什么话也不愿意说，干脆直截了当地跟对方说："我知道你对我似乎有些不满，我认为我们有必要把话说清楚。"

第三步，委婉地警告。如果对方不肯承认他曾经对别人说过不利于你的话，你也不必戳破对方，只要跟对方说："我想可能是我误会了。不过，以后如果我有任何问题，希望你能直接告诉我。"你的目的只是让对方知道：你绝对不会坐视不管。

第四步，向老板报告。当类似的事情第二次发生时，你可以明白地告诉对方："如果我们两人无法解决问题，就有必要让老板知道这件事情。"如果事情仍未获得解决，就直接向老板报告。当然，不是所有的情况都必须向老板报告。如果对方只是对你的穿衣品位有些认可，就让他去吧，这并不会影响你的工作或是你和同事之间的关系。

同事之间应该豁达大度，应该相互容忍，相互谅解，而不要动不动就怨恨对方，人为地制造紧张。因此，当听到某一同事谈论对另一同事的不满时，切记不要搬弄是非或者雪上加霜。明智的办法是充当调解人，在互有成见的同事之间多做一些"黏合"和"调和"的工作。隐去双方过激的不友好的话，而说一些能起到缓解矛盾和融洽关系的话。

要启发双方多想别人的长处，多找自己的不足，不要纠缠细枝末节，不对已经过去的事情耿耿于怀。只要真心诚意地维护同事之间的团结，并不厌其烦地做好工作，互有成见的同事就一定会摒弃前嫌，和好如初。

## 做好人，但不做滥好人

为人不能太善太软，否则会给人以软弱可欺的感觉。人可以温和，可以做好人，但不可以软弱，不可以做滥好人，就如同杯子留有空间就不会因加进其他液体而溢出来，气球留有空间便不会因再灌进一些空气而爆炸，二十几岁的年轻人做人做事给自己留下空间，便不会让自己力不从心。

凡事都往自己身上揽，唯恐得罪人的结果就是不仅加重别人对你的依赖，也加重了自己的负担，弄得自己不堪重负。就算是超人，有三头六臂，我们也不可能在所有的事情上让所有的人都满意，如果你总是怕对方不满意，谨小慎微地察言观色，揣摩别人的心思，你迟早会把自己折磨死。

如果有人得寸进尺地索求，因为他们知道你不会生气，于是你就会变成人人看不起、人人都来捏的软柿子。

人生在世，待人接物，和颜悦色、与人为善没有错，因为善良的人还是占多数的，大多数情况下，大家还是可以和和气气地相处的。工作、生活中也少不了各种各样的矛盾，但矛盾只要不是很尖锐，更多的还是相安无事。所谓凡事好商量，有话好好说，都是人们待人接物中常有的温和态度和常用的退让方法。

## 忍让搬弄是非者，毫无意义

开口说话要有分寸，不能信口雌黄，不能搬弄是非。

有一个国王，他十分残暴而又刚愎自用。但他的宰相却是一个十分聪明、善良的人。国王有个理发师，常在国王面前搬弄是非，为此，宰相严厉地责备了他。从那以后，理发师便对宰相怀恨在心。

一天，理发师对国王说："尊敬的国王，请您给我几天假和一些钱，我想去天堂看望我的父母。"

昏庸的国王很是惊奇，便同意了，并让理发师代他向自己的父母问好。

理发师选好日子，举行了仪式，跳进了一条河里，然后又偷偷爬上了对岸。过了几天，他趁许多人在河里洗澡的时候，探出头，说自己刚从天堂回来。

国王立即召见理发师，并问自己父母的情况。理发师谎报说：

"尊敬的国王，先王夫妇在天堂生活得很好，可再过十天，就要被赶下地狱了，因为他们丢失了自己生前的行善簿，所以要宰相亲自去详细汇报一下。为了很快到达天堂，应该让宰相乘火路去，这样先王就可以免去地狱之灾。"

国王听完后，立即召见了宰相，让他去一趟天堂。

宰相听了这些胡言乱语，便知道是理发师在捣鬼。可又不好拒绝国王的命令，心想：我一定要想办法活下来，要惩罚这个奸诈的理发师。

第二天凌晨，宰相按照国王的吩咐，跳入一个火坑中，然后国王命人架上柴火，浇上油，然后点燃了，顿时火光冲天。全城百姓皆为失去了正直的宰相而叹息，那个理发师也以为仇人已死，不免洋洋自得起来。

其实，宰相安然无恙，原来他早就派人在火坑旁挖了通道，他顺着通道回到了家中。

一个月后，宰相穿着一身新衣，故意留着一脸胡子和长发，从那个火坑中走了出来，径直走向王宫。

国王听见宰相回来了，赶紧出来迎接。宰相对国王说：

"大王，先王和太后现在没有别的什么灾难，只有一件事使先王不安，就是他的胡须已经长得拖到脚背上了，先王叫你派个老理发师去。上次那个理发师没有跟先王告别，就私自逃回来了。对了，现在水路不通了，谁也不能从水路上天堂去。"

第二天，国王让理发师躺在市中心的广场上，周围架起干柴，然后命人点上了火。顿时，理发师被烧得鬼哭狼嚎似的乱叫。这个搬弄是非的家伙终于得到了应有的惩罚。

理发师肯定没有想到，杀死自己的不是利剑，而是自己的"舌头"。

与人相处，以诚为重，当那些心术不正、好搬弄是非的人，欲置你于死地时，你的忍让就没有任何意义了。这时，你不妨"以其人之道，还治其人之身"，让他也尝一尝你"舌头"的厉害。

但是，不到万不得已，还是要以宽容之心包容他人之过。但与此同时，你一定要端正自己的品行，不要搬弄是非，不要恶意地中伤他人，因为搬弄是非者，往往都没有好下场！

## 墙头草不好当，有原则让别人更信任

生活中，我们经常能看到这些的一些人，在两种观点之间，他们没有自己的主见，人云亦云，见风使舵，被人称作"墙头草"。虽然他们并不是什么大奸大恶，甚至有些人还很有能力，但并不妨碍别人对他们的嫌恶，觉得跟这样的人在一起，肯定早晚会被他们出卖。但你要是去问他们，为什么会这么做的时候，他们也会觉得很委屈："因为我很善良，两边都不好意思拒绝啊，为什么最后里外不是人呢？"

其实，这就是不好意思惹的祸，因为不好意思，所以不愿坚持自己的原则，结果对方不仅不领情，还会觉得你这个人不可信，不可交。所以，要想让自己更受欢迎，首先就要拥有自己的原则。

《论语》中有这样一段对话：

子贡问曰："乡人皆好之，何如？"子曰："未可也。""乡人皆恶之，何如？"子曰："未可也，不如乡人之善者好之，其不善者恶之。"

这段话的意思是：子贡问孔子，有一个人，乡里的人都喜欢他，这样的人怎么样？孔子回答："（这样的人）还不行。"子贡又问："又有一个人，乡里的人都厌恶他，这个人怎么样？"孔子回答说："也不行，最好是乡里的好人都喜欢他，乡里的坏人都厌恶他。"

其实孔子话中的这种人就是一个有原则的人，如果一个人让所有人都喜欢他，那么说明这个人是一个两面三刀，逢人说人话，见鬼说鬼话的人，如果一个人令所有的人都厌恶他，那么也说明这个人做人有问题，不讨任何人喜欢。真正的好人应该做到：令好人都喜欢他，令坏人对他避而远之。而这种人，也一定是原则性极强的人。

"乡人皆好之"者是没有原则的。这种人没有是非观，只懂得投人所好。他们巧舌如簧、八面玲珑。在领导面前，毕恭毕敬、唯命是从；在同事面前，和颜悦色，俨然一个"好好先生"。这种人从来就远离纷争，置身事外。一旦遇事，便欣欣然地做起"和事佬"，谁也不得罪。这种人或许能讨绝大多数人的欢心，但无法让人产生信任感。反之，"人皆恶之"则说明一个人虽然很有原则，但做人却是失败的，如果人人都厌恶他那他的原则就成了一纸空文，他也无法实现自身的价值。

那么如何做到一种平衡呢？

首先，我们还是要坚持一些非常重要的原则。

其一，诚实守信。不论是做人还是做事，鱼无水不活，人无信不立。在为人处世时最好是能够与人诚信，言出必行，一个经常失信爽约的人到头来可能会像那个喊"狼来了"的小孩一样，在关键时刻无人伸出援手。

其二，不能损人利己，多为他人着想。有人说这个社会遵循着最原始的"弱肉强食"法则，你对别人心软，别人就会对你狠心。这种想法其实荒谬至极。社会竞争激烈是没错，但是也必须有一条最基本的底线，一个最基本的原则：不伤害他人，不以别人的利益为自己的垫脚石。这就好比你有一个朋友，如果他处处为你的利益着想，你还会去伤害他吗？而且损人利己是一种釜底抽薪式的牟利手段，第一次可能侥幸无恙，但是接下来谁还敢跟这样的人打交道，进行合作呢？

其三，看淡小利，共谋大赢。我们管一毛不拔、贪图小利的人叫"铁公鸡"，他们对财富和利益看得过重，所以事事锱铢必较，一针一线都要跟人算清楚。这样的人很难受人欢迎，而且也是目光短浅，无法谋取大利的人。

其四，不逃避责任，不强加义务。这样的人，他平时可以跟别人称兄道弟，推杯换盏，但一到关键时刻，朋友有难，他却逃之夭夭，不管不问，试问，这样的人以后还能有真心相待的朋友吗？我们作为父母的子女、子女的父母、朋友的朋友、老板的员工，与这些人都存在着一些责任关系，父母需要我们尽孝、子女需要我们抚养、朋友需要我们帮助、老板需要我们努力，这些责任是无法推卸的，一个经常推卸责任的人到头来只有一个下场，那就是没有人再敢赋予他什么责任了，也没有人会再对他抱有期望。

其五，不强加义务也很重要。比如说，我们帮助了别人，不能要求别人回报，这看上去像是一种功利化的交易，也像是一种要挟，这样的人也是无法取得别人信任的。

其次，我们还应该在有原则的基础上学会一点变通。

原则就像是一堵墙，原则性太强的人会令人屡撞南墙，也会令人心生厌恶，所以，光有原则还不够，还要学会灵活变通原则。变通原则，不妨从以下三点入手。

其一，严厉但不失温和。

没有人希望自己的父母或者上级严厉到不近人情的地步，严厉是没错的，但是严厉过头了或者说事事严厉只会令人觉得喘不过气来，更会让人产生一种敬而远之的想法。对待事情认真是没错的，但一定要记住给人留一些情面。这就好比领导在指出下级的工作问题时事先夸奖一番，再怎么样，也不能让人的心完全凉透。

其二，随和但不处处忍让。

假如一个人性格非常好，事事都顺着别人，无论朋友找他帮忙搞什么，他都尽心尽力，我们会说这个人是一位"老好人"，但老好人是否就一定受欢迎呢？老好人的原则是"为别人两肋插刀，奋不顾身"，但是这样的人明显会被人利用，假如别人要做违法乱纪的事儿，也要帮着干吗？

帮助他人是没有错的，但是一定要学会拒绝，不能处处忍让。一个不会拒绝他人的人也让人觉得不靠谱，心肠虽好，但少些魄力。

其三，属于自己的利益也要去争取。

如果一个人只关心别人的利益，把自己的利益看得太轻，那么这样的人首先是愚蠢的。一个人只要付出了努力，就有权利去获得属于自己的回报。鸡毛蒜皮般的小利我们可以不热心，但不能在大事上马虎。

做人、做事、做工作都要讲原则，没有原则、忘记原则、放弃原则，这都是很危险的。新华都集团总裁兼CEO唐骏曾经说："我跟人交往就是让人家喜欢我，人的本性就是喜欢简单和坦诚的人，那我就要变得坦诚，而绝不会用一种欺骗、收买的手段。"因为率性，唐骏很受人欢迎，一些媒体也评价唐骏："彬彬有礼，和蔼可亲，是个既柔软又强硬、既简单又复杂、既清澈又不易捉摸的独特男人。"

没错，一个有原则并且会变通的人才是最独特的，而这样的人站在茫茫人海中就像是会发光一样，他们受人欢迎，也为人所信任，他们因为原则而独特，又因独特而"抢手"，而这都要从你"好意思"坚持原则的那一天开始。

## 你的宽容，不应该不辨是非

"痛打落水狗"可以理解为把事情做彻底，不留隐患。对坏人要看清其本质，不姑息迁就，但不能乘人之危、落井下石。

隋大业十三年（617年），盘踞在洛阳的王世充与李密对峙。此前，王世充在兴洛仓战役中几乎被李密打得全军覆没，几乎不敢再与他交锋了。

不过，王世充很快重整旗鼓，准备与李密再决胜负。现在还有一个问题令他发愁，那就是粮食。洛阳外围的粮仓都已被李密控制，城内的粮食供应一直显得非常紧张。他的部队也不例外，因为常常填不饱肚子，每天都有人偷偷跑到李密那边去。王世充很清楚，如果粮食问题不能得到及时的解决，他想留住士兵们的一切努力终归是徒劳，更不用提什么战胜李密。

在既无实力夺粮，又不可能借粮的情况下，王世充想到了一个好主意：用李密目前最紧缺的东西去换取他的粮食。

王世充派人过去实地了解，得到消息说李密的士兵大都为衣服单薄而头痛。这就好办了！王世充欣喜若狂，当即向李密提出以衣易粮。李密起初不肯，无奈邴元真等人各求私利，老是在他耳边聒噪，说什么衣服太少会严重影响军心的安定，等等，李密不得已，只好答应下来。

王世充换来了粮食，部队的局面得到了根本改观，士气进一步大振，尤其士兵叛逃至李密部的现象日益减少。李密也很快察觉了这一问题，连忙下令停止交易，但为时已晚，李密无形中已替王世充养了一支精兵，也就是为他自己的前景徒然增添了许多难以预想的麻烦。

后来，恢复生机的王世充大败李密。这时，李密才后悔莫及，当初没有"痛打落水狗"才让自己遭此命运。

明末农民军首领张献忠所向披靡，打得官军狼狈不堪。但同样的事例还有一则：

崇祯十一年（1638年），农民军遇上了劲敌，那就是作战英勇的左良玉。张献忠冒充官军的旗号奔袭南阳，被明总兵左良玉识破，计谋失败，张献忠负伤退往湖北谷城；李自成、罗汝才、马守应、惠登相等几支农民军也相继失利，且分散于湖广、河南、江北一带，各自为战，互不配合。张献忠在谷城，处于官军包围之中，势力孤单，加上经过十余年的战争，农民军的粮饷很难筹集，处境十分恶劣。

张献忠经过一番思考，决定利用明朝高叫"招抚"的机会，将计就计。崇祯十一年春，张献忠得知陈洪范附属在熊文灿手下当总兵，大喜过望，原来陈洪范曾救过张献忠一命，而熊文灿的拿手戏是以"抚"代"剿"。于是，他马上派人携重金去拜见陈洪范，说："献忠蒙您的大恩，才得以活命，您不会忘记吧！我愿率部下归降来报效救命之恩。"陈洪范甚是惊喜，上报熊文灿，接受了张献忠。

此后，张献忠虽然名义上受"抚"，实际上仍然保持独立。经过一段时间休养生息之后，张献忠又于次年五月在谷城重举义旗，打得明朝官军措手不及。

李密在形势有利的情况下输给了王世充，从此一蹶不振；熊文灿过于轻信张献忠，把到手的胜利给丢掉了，究其原因都是没有拿出"痛打落水狗"的精神来，心慈手软，给对手以喘息之机。这对后人来说，实在是深刻的历史教训，应以此为鉴。

## 不必睚眦必报，但也不必委曲求全

人生究竟应该以德报怨、以怨报怨，还是以直报怨呢？然而，我们的人生经验会告诉我们，有的人德行不够，无论你怎么感化，恐怕他也难以修成正果。人们常说江山易改，禀性难移，如果一个人已经坏到底了，那么我们又何苦把宝贵的精力浪费在他的身上呢？现代社会生活节奏加快，使得我们每个人都要学会在快节奏的社会中生存，用自己宝贵的时光做出最有价值的判断、选择。你在那里耗费半天的时间，没准儿人家还不领情，既然如此，就不用再做徒劳的事情了。

电影《肖申克的救赎》中有一句非常经典的台词："强者自救，圣人救人。"不要把自己当作一个圣人来看待，指望自己能够拯救别人的灵魂，这样做的结果多半是徒劳无益的，何不将时间用在更有价值的事情上呢？

当然，我们主张明辨是非。但是要记住，对方错了，要告诉他错在何处，并要求对方就其过错补偿。如果不论是非，就不能确定何为直。"以直报怨"的"直"不仅仅有直接的意思，"直"，既要有道理，也要告诉对方，你哪里错了，侵犯了我什么地方。

有人奉行"以德报怨"，你对我坏，我还是对你好，你打了我的左脸，我就把右脸也凑过去，直到最终感化你；有人则相反，以怨报怨，你伤害我，我也伤害你，以毒攻毒，以恶制恶，通过这种方法来消灭世界上的坏事。其实，二者都失之偏颇，以德报怨，不能惩恶扬善；以怨报怨，则冤冤相报何时了。

以怨报怨，最终得到的是怨气的平方；以德报怨，除非对方真的到达一定境界，否则只会让你继续受到更多的伤害。其实，做人只要以直报怨，以有原则的宽容待人，问心无愧即可。

宽容不是纵容，不要让有错误的人得寸进尺，把错误当成理所当然的权利，继续侵占原本属于你的空间。挑明应遵守的原则，柔中带刚，思圆行方，既可以宽容错误的行为，又能改正他的错误。

当人们面对伤害时，不必为难，你只需以直报怨就好了。不必委曲求全，也不要睚眦必报，有选择、有原则的宽容，于己于人都有利。

## 别让内疚感成为别人的把柄

当你的决定让你被十分痛苦地内疚所支配的时候，你沉迷于取悦别人会变得更具悲剧性。具有讽刺意味的是，让某人利用内疚来操纵你的结果不仅对你而且对其他人都是具有破坏性的，而且这种情况还相当普遍。尽管内疚推动的行为经常是基于你的理想主义，而因为放弃所带来的不可避免的后果却证明与理想截然相反。

赫莉的母亲很早便守寡，她勤奋工作，以便让赫莉能穿上好衣服，在城里较好的地区住上令人满意的公寓，能参加夏令营，上名牌私立大学。赫莉的母亲为女儿"牺牲"了一切。当赫莉大学毕业后，找到了一个报酬较高的工作。她打算独自搬到一个小型公寓去，公寓离母亲的住处不远，但人们纷纷劝她不要搬，因为母亲为她做出过那么大的牺牲，现在她撇下母亲不管是不对的。赫莉立刻感到有些内疚，并同意与母亲住在一起。后来她看上了一个青年男子，但她母亲不赞成她与他交朋友，强有力的内疚感再一次作用于赫莉。几年后，为内疚感所奴役着的赫莉，完全处于她母亲的控制之下。最终，她又因负疚感造成的压抑毁了自己，并为生活中的每一个失败而责怪自己和自己的母亲。

具有内疚倾向的最不利的情况就是，别的人可以并且会借用这种内疚来操纵你。假如你觉得有义务取悦每一个人，你的家庭和朋友就会强迫你做各种不利于你的事情。

玛丽是快乐的已婚妇女，她的赌徒哥哥亨利却总是用各种办法来利用她。当他输了钱时，他总是找各种各样的借口向她借钱，而那笔钱最终会是肉包子打狗——有去无回。亨利认为自己是玛丽的哥哥，只要他愿意，他就有权利每天晚上到她家里吃饭、喝酒，使用她的新汽车。玛丽并不是一个愚蠢的任人欺侮的女人，但是，每次她总是理智地向哥哥屈服。其实，她自己也能看到屈服所带来的负面后果——她的纵容是在支持他不合理的生活方式；她知道自己充当着亨利的"冤大头"；她更明白，这样的生活方式并不是出于爱。但用她自己的话说就是："假如我向他借点什么，或者需要他的帮助，他肯定也会这么做。毕竟，互爱的兄妹应该彼此帮助。而且要是我对他说不，他就会发火，我就可能失去他。那样的话，我就会觉得我做了错事。"

在你本来应该说"不"的时候说了"是",代价是很大的。

我们每一个人都有过去,也都有过失。面对过失,如果我们能吸取教训并不断改正,即使我们改正得有点慢,或者是完全改成所需要的时间有点长,但只要我们坚持改正,我们就可以问心无愧。徒有内疚,却不知道改正,只能成为别人的笑柄,当下次遇到类似的错误,我们还是会跌倒。